算数だいじょうぶドリル　**6年生**　もくじ

おうちの方へ

教科書の内容すべてではなく、特につまずきやすい単元や次学年につながる内容を中心に構成しています。前の学年の内容でつまずきがあれば、さらに さかのぼって学習するのも効果的です。

コッツはかせ

コツメカワウソのおじいさん。
子どもの算数の力を育てるための研究をしている。

カワちゃん

コツメカワウソの小学生。
休み時間にボールで遊ぶのが大好き!

ロボたま　次世代型算数ロボット＝ロボたま0号

コッツはかせがつくったロボット。
自分で考えて動けて進化できる、すごいやつ。

がんばろうね

これから、勉強する内容だよ。
取り組む前に、名前と取り組んだ月日をかこう！

今日のやる気を☆にぬろう

ポイント3

「トライ」ができたら
いろんな問題にチャレンジ！
１つずつていねいにとこう！

ポイント1

まず「トライ」にチャレンジ！
むずかしかったら、コッツはかせに聞いてみよう！

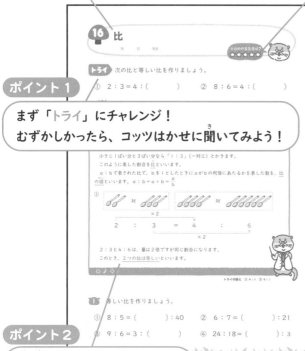

ポイント2

「解説」
コッツはかせが問題のとき方を
やさしく教えてくれるよ！
読んで確認してみよう！

アドバイスをしてくれるよ

勉強したことを「ロボたま」に教えてあげよう！
きみが教えてあげると「ロボたま」が進化するんだ！

これもイイね！

ちょっとひと休み♪
「算数クロスワード」で
楽しく算数のべんきょうをしよう

「答え」をはずして使えるから
答えあわせがラクラクじゃ♪

 ハイ！ガンバリ マショウ

小数のかけ算

今日のやる気度は？
☆☆☆☆☆

トライ　次の計算をしましょう。

①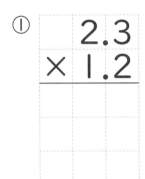
```
    2.3
×   1.2
```

②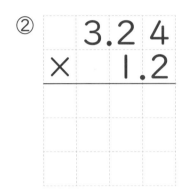
```
    3.24
×    1.2
```

③
```
    0.3
×   0.9
```

小数点は、どうするんだったかな？

---

①

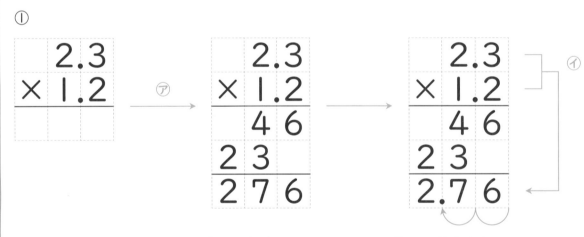

⑦　小数点がない
ものとして計算
する。

⑦　小数点を打つ。
小数点以下が
１けたの数が２つな
ので、小数点は右か
ら２けた分のところ
にうつ。

トライ　の②は、小数点以下のけた数が２つと１つなので、
積（かけ算の答え）の右から３けた分のところに小数点をうちます。

トライの答え　① 2.76　② 3.888　③ 0.27

 次の計算をしましょう。

①
```
     3.2
  ×  2.4
```

②
```
     6.5
  ×  4.5
```

③
```
     7.8
  ×  3.6
```

④
```
    2.34
  ×  5.2
```

⑤
```
    6.28
  ×  2.4
```

⑥
```
    3.72
  ×  4.3
```

⑦
```
    0.15
  ×  0.5
```

⑧
```
    0.24
  ×  0.6
```

⑨
```
    0.38
  ×  0.4
```

⑩
```
    2.4
  ×0.5
```

⑪
```
    3.5
  ×0.6
```

⑫
```
    0.6
  ×0.3
```

⑬
```
    0.8
  ×0.7
```

 いちばん下の位の0を消そう

ロボたまにインストール…

3.6×0.8の答えは、3.6より（大きく・小さく）なるよ。

2 小数のわり算

月　日　名前

トライ　次の計算をしましょう。

① 2.3) 9.2

② 0.3) 6

③ 1.2) 1 4.7

（　　あまり　　）

どうやって計算するんだったかな？

①

2.3) 9.2

⑦　小数点を移動する。

②
1.2) 1 4.7
12
27
24
0.3

☆あまりのときは
もとの位置から
小数点を
下ろしてくるよ
☆

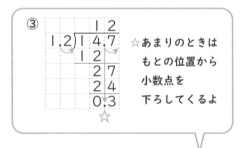

2.3) 9.2.

⑦　商の小数点をうつ。

　　　　4
2.3) 9.2
　　9 2 0
　　　　0

⑨　整数と同じように計算する。

1 次の計算をしましょう。

① 1.7⟌8.5

② 4.3⟌25.8

③ 1.5⟌9

2 次の計算を、商を整数（一の位）で出し、あまりも出しましょう。

① 0.9⟌8.9

② 2.6⟌8.1

③ 0.8⟌57.2

（ あまり ） （ あまり ） （ あまり ）

3 次の計算を、わり切れるまで計算しましょう。

① 3.6⟌5.4

② 5.2⟌6.5

③ 2.4⟌1.8

ロボたまにインストール…

0.3⟌1.7
  5
 1 5
   2

左のわり算のあまりは（　　　　）だよ。

3 整数の性質（倍数・公倍数）

月　　日　　名前

トライ 次の問いに答えましょう。

① 次の数の倍数を、小さい方から順に4つかきましょう。

3（　　　　　　　　　　　　）　　　4（　　　　　　　　　　　　）

② 3と4の最小公倍数を答えましょう。

（　　　　　　）

パニック

最小公倍数の求め方がわからないなー

---

① 3の倍数（ 3、 6、 9、 ⑫、 15、 18、 21、 ㉔、……）
4の倍数（ 4、 8、 ⑫、 16、 20、 ㉔、 28、 32、……）

3の倍数、4の倍数をかいていきます。
両方の倍数にある数に〇をします。
3の倍数にも、4の倍数にもなる数を、3と4の公倍数といいます。
3と4の公倍数で、いちばん小さい数を、3と4の最小公倍数といいます。

最小公倍数の見つけ方を考えましょう。

6と9の最小公倍数

㋐
㋑ 3) 6　　9
㋒ 　　 2　　3
㋓ (18)

㋐ わり算の筆算の記号をさかさまにかきます。
㋑ 6と9のどちらもわり切れる数をかきます。
㋒ ㋑の数でわった答えをかきます。
㋓ ㋑と㋒で出た3つの数をかけます。
　積が、最小公倍数になります。

トライの答え ① 3 (3, 6, 9, 12) 4 (4, 8, 12, 16) ② 12

ロボたまにインストール…

6と8の最小公倍数は（　　　　　）だよ。

4 整数の性質（約数・公約数）

月　　日　　名前

トライ 次の問いに答えましょう。

① 次の数の約数を〇で囲みましょう。

8（1、2、3、4、5、6、7、8）

4（1、2、3、4）

② 4と8の最大公約数を答えましょう。

（　　　　　）

 最大公約数の求め方はどうやるんだっけなー

① 8の約数（①、②、3、④、5、6、7、⑧）

8÷2＝4
8÷1＝8

4の約数（①、②、3、④）←4÷1＝4　4÷2＝2　4÷4＝1

その数をわり切れる整数をさがします。
8と4の約数でいちばん大きい数を最大公約数といいます。

最大公約数の見つけ方を考えましょう。

⑦
⑦ 2）8　　4
⑤ 2）4　⑰ 2
⑦ 2　　1

（2）

8と4の最大公約数

⑦ わり算の筆算の記号をさかさまにかきます。
⑦ 8と4のどちらでもわり切れる数をかきます。
⑦ ⑦の数でわった答えをかきます。
⑤ ⑦の数が1になるまで続けます
⑦ わった数どうしをかけます。
　積が最大公約数になります。

トライの答え　① 8（1, 2, 4, 8）　4（1, 2, 4）　② 4

ロボたまにインストール…

6と8の最大公約数は（　　　　　）だよ。

5 分数（約分・通分）

月　　日　　名前

今日のやる気度は？
☆☆☆☆☆

トライ 次の問いに答えましょう。

（1）次の分数を約分しましょう。

① $\dfrac{9}{12} =$　　　② $\dfrac{10}{15} =$　　　③ $\dfrac{8}{12} =$

（2）次の分数を通分しましょう。

① $\dfrac{1}{5}$, $\dfrac{1}{3} \rightarrow$ ——, ——　　　② $\dfrac{1}{6}$, $\dfrac{1}{8} \rightarrow$ ——, ——

はて？

約分、通分の方法はどうするんだったかな？

約分とは、分母と分子を公約数でわり、できるだけ小さな数字で表す分数にすることです。

（1）
① $\dfrac{9}{12} = \dfrac{3}{4}$
（÷3／÷3）

分母と分子を最大公約数でそれぞれわります。
最大公約数3でそれぞれわると、$\dfrac{3}{4}$ になります。

通分とは、分母をそろえること。

（2）
① $\dfrac{1}{5} \times \dfrac{1}{3} \rightarrow \dfrac{3}{15}$, $\dfrac{5}{15}$
（1×3　1×5　5×3　3×5）

分母どうしの最小公倍数に
なるように、それぞれの
分母・分子に数字をかけます。

⏻ ♪ ✧

トライの答え （1）① $\dfrac{3}{4}$ ② $\dfrac{2}{3}$ ③ $\dfrac{2}{3}$ （2）① $\dfrac{3}{15}$, $\dfrac{5}{15}$ ② $\dfrac{4}{24}$, $\dfrac{3}{24}$

1 次の分数を約分しましょう。

① $\dfrac{2}{6} = \dfrac{1}{3}$　　② $\dfrac{6}{12} =$ 　　　③ $\dfrac{10}{12} =$

④ $\dfrac{6}{15} =$ 　　　⑤ $\dfrac{12}{16} =$ 　　　⑥ $\dfrac{20}{24} =$

⑦ $\dfrac{12}{15} =$ 　　　⑧ $\dfrac{15}{20} =$ 　　　⑨ $\dfrac{16}{24} =$

⑩ $\dfrac{12}{30} =$ 　　　⑪ $\dfrac{14}{28} =$ 　　　⑫ $\dfrac{28}{35} =$

2 次の分数を通分しましょう。

① $\dfrac{1}{5}, \dfrac{1}{4} \rightarrow$ ——, —— 　　② $\dfrac{1}{6}, \dfrac{2}{7} \rightarrow$ ——, ——

③ $\dfrac{2}{3}, \dfrac{4}{9} \rightarrow$ ——, —— 　　④ $\dfrac{4}{5}, \dfrac{3}{10} \rightarrow$ ——, ——

⑤ $\dfrac{1}{6}, \dfrac{1}{4} \rightarrow$ ——, —— 　　⑥ $\dfrac{1}{9}, \dfrac{1}{12} \rightarrow$ ——, ——

⑦ $\dfrac{3}{10}, \dfrac{2}{15} \rightarrow$ ——, —— 　　⑧ $\dfrac{7}{12}, \dfrac{5}{8} \rightarrow$ ——, ——

ロボたまにインストール…

通分のしかた
2 の①②は両方の（分　　　）をかける型、③④は一方の
（　　　　）にあわせる型、⑤～⑧はそれぞれの（　　　）の最
小公倍数を見つける型になっているよ。

6 分数のたし算

月　　日　　名前

今日のやる気度は？
☆☆☆☆☆

トライ 次の計算をしましょう。約分できるところは約分しましょう。

① $\dfrac{1}{3} + \dfrac{3}{5} =$

② $\dfrac{1}{5} + \dfrac{3}{10} =$

③ $\dfrac{5}{8} + \dfrac{1}{6} =$

はて？

分数のたし算は、なにからすればよかったかな？

---

① $\dfrac{1}{3} + \dfrac{3}{5} = \dfrac{5}{15} + \dfrac{9}{15} = \dfrac{14}{15}$

㋐ 1×5　㋑ 3×3
3×5　5×3

㋐ 通分する

㋑ 分子をたし算する

② $\dfrac{1}{5} + \dfrac{3}{10} = \dfrac{2}{10} + \dfrac{3}{10} = \dfrac{5}{10} = \dfrac{1}{2}$

約分があるときは
約分をしよう！

③ $\dfrac{5}{8} + \dfrac{1}{6} = \dfrac{15}{24} + \dfrac{4}{24} = \dfrac{19}{24}$

8と6の最小公倍数は
24 ← $2 \times 4 \times 3$

$\begin{array}{r|ll} 2 & 8 & 6 \\ \hline & 4 & 3 \end{array}$

分母も分子も同じ数をかけるんだね

1 次の計算をしましょう。

① $\dfrac{2}{3} + \dfrac{1}{4} =$ 　　　　② $\dfrac{3}{4} + \dfrac{1}{8} =$

③ $\dfrac{1}{6} + \dfrac{2}{9} =$ 　　　　④ $\dfrac{1}{9} + \dfrac{5}{12} =$

2 次の計算をしましょう。約分できるところは約分しましょう。

① $\dfrac{3}{4} + \dfrac{1}{12} =$ 　　　　② $\dfrac{1}{6} + \dfrac{3}{10} =$

③ $1\dfrac{4}{15} + 2\dfrac{9}{10} =$ 　　　　④ $2\dfrac{9}{14} + \dfrac{11}{21} =$

ロボたまにインストール…

分数のたし算の計算は、分母を（　　　　　）します。

月　　日　　名前

トライ　次の計算をしましょう。約分できるところは約分しましょう。

① $\dfrac{3}{5} - \dfrac{2}{7} =$

② $\dfrac{5}{6} - \dfrac{3}{10} =$

③ $4\dfrac{1}{8} - 2\dfrac{1}{6} =$

　分数のひき算は、何からすればよかったかな？

① $\dfrac{3}{5} - \dfrac{2}{7} = \underset{5 \times 7}{\overset{\text{㋐} \quad 3 \times 7}{\dfrac{21}{35}}} - \underset{7 \times 5}{\overset{\text{㋑} \quad 2 \times 5}{\dfrac{10}{35}}} = \dfrac{11}{35}$

㋐　通分する

㋑　分子をひき算する

② $\dfrac{5}{6} - \dfrac{3}{10} = \dfrac{25}{30} - \dfrac{9}{30} = \dfrac{16}{30} = \dfrac{8}{15}$

> 6と10の最小公倍数は
> **30** $\xleftarrow{2 \times 3 \times 5}$
> $\begin{array}{r|cc} 2 & 6 & 10 \\ \hline & 3 & 5 \end{array}$

③ $4\dfrac{1}{8} - 2\dfrac{1}{6} = \boxed{4\dfrac{3}{24}} - 2\dfrac{4}{24} = \boxed{3\dfrac{27}{24}} - 2\dfrac{4}{24} = 1\dfrac{23}{24}$

帯分数からもってくる

1 次の計算をしましょう。約分できるところは約分しましょう。

① $\dfrac{3}{5} - \dfrac{1}{3} =$

② $\dfrac{9}{10} - \dfrac{4}{5} =$

③ $\dfrac{4}{9} - \dfrac{1}{6} =$

④ $\dfrac{13}{15} - \dfrac{1}{6} =$

2 次の計算をしましょう。約分できるところは約分しましょう。

① $2\dfrac{5}{6} - 1\dfrac{1}{3} =$

② $2\dfrac{1}{2} - \dfrac{1}{6} =$

③ $2\dfrac{5}{6} - 1\dfrac{3}{10} =$

④ $4\dfrac{7}{15} - 2\dfrac{3}{10} =$

ロボたまにインストール…

$4\dfrac{1}{3} - \dfrac{2}{3}$ の計算は、$4\dfrac{1}{3}$ を $\Box\dfrac{\Box}{3}$ になおして計算するよ。

8 図形の合同

月　日　名前

トライ　次の２つの三角形は合同です。後の問いに答えましょう。

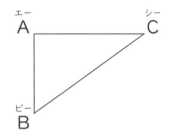
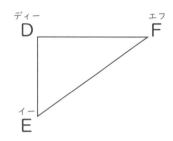

① 対応する頂点をかきましょう。

（頂点Ａと　　　　　　）（頂点Ｂと　　　　　　）（頂点Ｃと　　　　　　）

② 対応する辺をかきましょう。

（辺ＡＢと　　　　　　）（辺ＢＣと　　　　　　）（辺ＣＡと　　　　　　）

③ 対応する角をかきましょう。

（角Ａと　　　　　　）（角Ｂと　　　　　　）（角Ｃと　　　　　　）

合同の図形の見つけ方がわからないなー

　同じ種類のトランプのように、形や大きさが同じでぴったり重なり合わせることができる図形は、合同であるといいます。

　合同な図形を重ね合わせたとき、重なり合う頂点や辺や角を、対応する頂点、対応する辺、対応する角といいます。

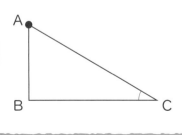
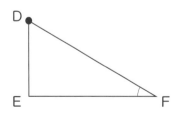

① 対応する頂点

頂点Ａと頂点Ｄ

頂点Ｂと頂点Ｅ

頂点Ｃと頂点Ｆ

トライの答え ① 頂点Ｄ、頂点Ｅ、頂点Ｆ ② 辺ＤＥ、辺ＥＦ、辺ＦＤ ③ 角Ｄ、角Ｅ、角Ｆ

1 次の２つの四角形は合同です。後の問いに答えましょう。

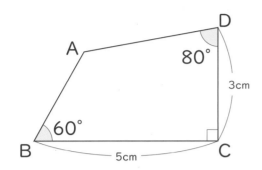
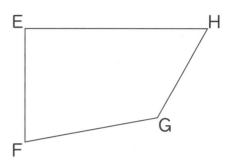

① 頂点 A に対応する点　　　　　　　　　　　　　（頂点　　　　　　）

② 辺 EF の長さ　　　　　　　　　　　　　　　　（　　　　　　）

③ 辺 HE の長さ　　　　　　　　　　　　　　　　（　　　　　　）

④ 角 F の大きさ　　　　　　　　　　　　　　　　（　　　　　　）

⑤ 角 H の大きさ　　　　　　　　　　　　　　　　（　　　　　　）

2 平行四辺形 ABCD に２本の対角線をひき、その交点を E とします。
次の三角形と合同な三角形を答えましょう。

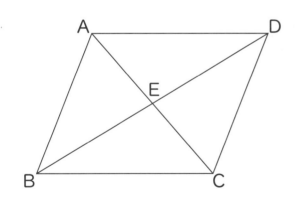

① 三角形 ABC
（　　　　　　　　　　）

② 三角形 EBC
（　　　　　　　　　　）

③ 三角形 ECD
（　　　　　　　　　　）

ロボたまにインストール…

合同な図形では対応する辺の長さは（　　　　）、
対応する角の大きさも（　　　　）なっているよ。

❾ 図形の性質

月　日　名前

トライ 次のあいの角度を求めましょう。

①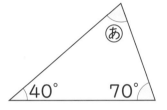

式

答え _____

②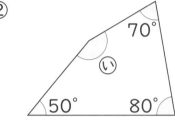

式

答え _____

 三角形の形はどうなっていたかな？

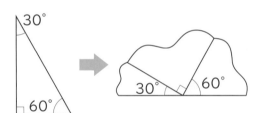

三角定規の3つの角の大きさの和は　**180°**

①

式

$180 - (40 + 70) = 70$　　答え　70°

②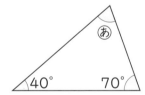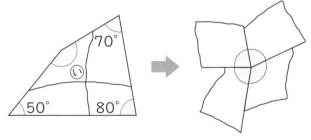

四角形の4つ角の大きさの和は　**360°**

1 5本の直線で囲（かこ）まれた形を五角形といいます。

後の問いに答えましょう。

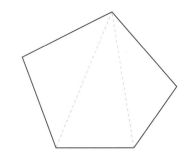

① 五角形に対角線をひいて三角形を作りました。

三角形はいくつできましたか。

（　　　　　　）

② 三角形の角の大きさの和は180°です。

五角形の角の大きさの和は何度ですか。

（　　　　　　）

三角形や四角形、五角形のように、直線で囲まれた図形を多角形というよ

2 次の多角形の角の大きさの和を表にまとめましょう。

三角形 　　　四角形 　　　五角形

六角形 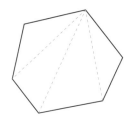　　　七角形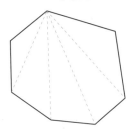

	三角形	四角形	五角形	六角形	七角形
三 角 形 の 数	1				
角の大きさの和	180°				

ロボたまにインストール…

三角形の3つの角の大きさの和は（　　　　）°です。

十角形を対角線で三角形に分けると（　　　　）この三角形に分けられます。

10 円周率

月　　日　　名前

 次の問いに答えましょう。

① 次の円周の長さを求めましょう。

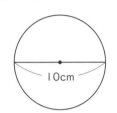

10cm

式

答え _____

② 円周が62.8cmの円の直径を求めましょう。

式

答え _____

 円の円周率の求め方がわからないなー

円周 ÷ 直径 は、どの円でも同じ割合になります。

　　円周 ÷ 直径 = 円周率

円周率は、3.14を使います。
　　円周 ÷ 直径 = 3.14
　　　　　⇩これより
円周 = 直径 × 3.14
直径 = 円周 ÷ 3.14

① 式　円周 = 直径 × 3.14 = 10 × 3.14 = 31.4

答え　31.4cm

② 式　直径 = 円周 ÷ 3.14 = 62.8 ÷ 3.14 = 20

答え　20cm

1 次の円周の長さを求めましょう。

① 　　式

答え _____

② 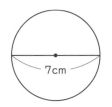　　式

答え _____

2 次の円の直径を求めましょう。

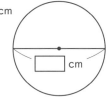　　式

答え _____

3 次の図のＡからＢまで進むには、㋐か㋑の道を通ります。
それぞれの道のりを求めましょう。

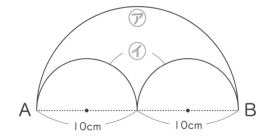

㋐　式

答え _____

㋑　式

答え _____

ロボたまにインストール…

円周 ＝（　　　　　）× 3.14　で求められるよ。つまり、
直径 ＝（　　　　　）÷ 3.14　とも考えられるね。

⑪ 体 積

月　　日　　名前

トライ　次の立体の体積を求めましょう。

① 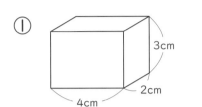　　式

答え _____

② 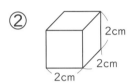　　式

答え _____

 立体の体積の求め方がわからないなー

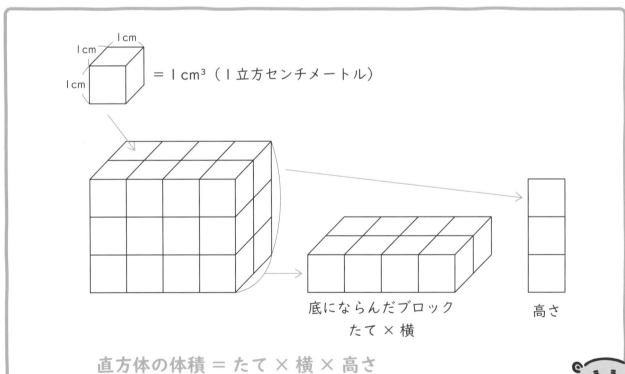

＝1cm³（1立方センチメートル）

底にならんだブロック
たて × 横

高さ

直方体の体積 ＝ たて × 横 × 高さ

立方体の体積 ＝ 一辺 × 一辺 × 一辺

① 立体の体積　　式　2×4×3＝24　　答え　24cm³

トライの答え　① 式 2×4×3＝24　24cm³　② 式 2×2×2＝8　8cm³

22

1 次の立体の体積を求めましょう。

でこぼこしている立体は、
いくつかの直方体が
くっついていると考えよう

① 2つの立体に分けて求めましょう。

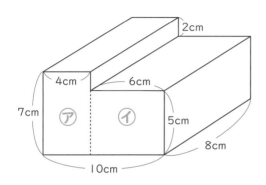

㋐ 式

㋑ 式

㋐＋㋑

答え _____

② 大きな立体から、ひく方法で求めましょう。

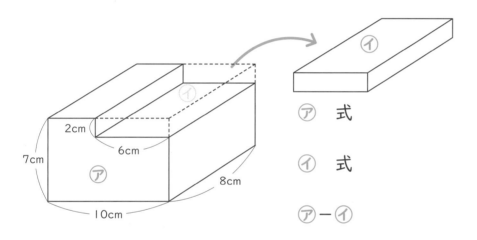

㋐ 式

㋑ 式

㋐－㋑

答え _____

2 1m³は、何cm³ですか。

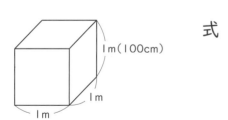

式

答え _____

ロボたまにインストール…

いろいろな形の体積を求めるときは、いくつかに分けて（　　　）
方法と、全体から一部を（　　　）方法があります。

月　　日　　名前

 ５つの容器に、それぞれ水が入っています。

入っている水の量の平均を求めましょう。

4dL	3dL	5dL	2dL	6dL

式

答え _____

 平均ってなんだったかな？

いろいろな大きさの数量を、等しい大きさになるようにならしたものを平均といいます。

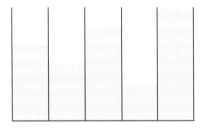 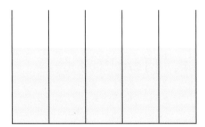

平均の求め方

平均 ＝ 合計 ÷ 個数

① それぞれの数量を合計します

　　4＋3＋5＋2＋6 ＝ 20

② 全体の量を５つに等しく

　　分けます。

　　20 ÷ 5 ＝ 4

　　答え　4dL

トライの答え　式 (4＋3＋5＋2＋6)÷5＝4　4dL

1 たたみのまい数や人数がちがう３つの部屋があります。
どの部屋がこんでいるかを調べましょう。

	A	B	C
人数(人)	15	12	12
たたみの数(まい)	6	6	4

① A室とB室では、どちらがこんでいますか。（たたみのまい数は同じです）

答え _____

② B室とC室では、どちらがこんでいますか。（部屋にいる人数は同じです）

答え _____

③ A室とC室の部屋のこみぐあいをたたみ１枚あたりに何人いるかで、比べてみましょう。A室とC室では、どちらがこんでいますか。

　　　　　人数　　　　たたみの数
A室 （　　　　）÷（　　　　）＝（　　　　）
C室 （　　　　）÷（　　　　）＝（　　　　）

答え _____

2 人口が114000人で面積が76km²の都市があります。
１km²あたりの人口を求めましょう。

式

答え _____

> １km²あたりの人口を人口密度というよ！
> 人口密度 ＝ 人口（人）÷ 面積（km²）

ロボたまにインストール…

平均 ＝ （　　　　）÷（　　　　）で求められるよ。

月　　日　　名前

トライ　次の問いに答えましょう。

① 　3時間で150kmの道のりを走る自動車は、時速何kmですか。

　　式

　　　　　　　　　　　　　　　　　　　　　　　　　答え _____

② 　時速60kmの速さで走る自動車が、4時間で進む道のりは何kmですか。

　　式

　　　　　　　　　　　　　　　　　　　　　　　　　答え _____

速さと時間と道のりは、えーと、えーと……

速さ、道のり、時間は次の式で求めます。

　　速さ ＝ 道のり ÷ 時間

　　道のり ＝ 速さ × 時間

　　　　　時速　　１時間あたりに進む道のりで表した速さ
　　　　　分速　　１分間あたりに進む道のりで表した速さ
　　　　　秒速　　１秒間あたりに進む道のりで表した速さ

　　時間 ＝ 道のり ÷ 速さ

① 　速さ ＝ 道のり ÷ 時間 ＝ 150 ÷ 3 ＝ 50
　　（時速）
　　　　　　　　　　　答え　　時速　50km

次の問いに答えましょう。

① 4時間で240kmの道のりを走る自動車は、時速何kmですか。

式

答え _____

② 分速150mの自転車で1200mの道のりを進むと、何分かかりますか。

式

答え _____

③ 音の速さは秒速340mです。1700mはなれたところに音がとどくのは何秒後ですか。

式

答え _____

④ 次の表にあてはまる速さをかきましょう。

	秒速(m)	分速(m)	時速(km)
バス		600m	
新幹線			270km
ジェット機	240m		

ロボたまにインストール…

速さ ＝ 道のり ÷ （　　　　） で求められるよ。

27

図形の面積

月　　　日　　　名前

図形の面積の求め方

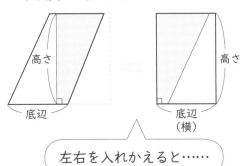

高さ
底辺

高さ
底辺
（横）

左右を入れかえると……

平行四辺形は、底辺を横の長さと考えることで、長方形と同じように求められます。

平行四辺形の面積 ＝ 底辺 × 高さ

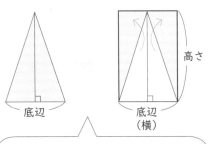

底辺

高さ
底辺
（横）

四角形の面積の半分が三角形の面積になる

三角形は、図のように同じ三角形をつけると、もとの三角形の２倍の面積の長方形や平行四辺形になります。

三角形 ＝ 底辺 × 高さ ÷ 2

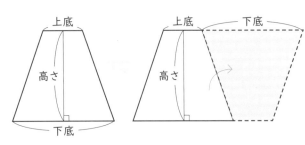

上底

高さ

下底

上底　　　　下底

高さ

台形は、図のように同じ形をつけると、平行四辺形になります。

　上底と下底をたした長さが、平行四辺形の底辺になります。

台形 ＝（上底 ＋ 下底）× 高さ ÷ 2

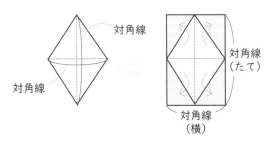

対角線

対角線

対角線
（たて）

対角線
（横）

ひし形は、図のように同じ形をつけると、長方形になります。

　２つの対角線が、たてと横の辺の長さになります。

ひし形 ＝（一方の対角線）×（もう一方の対角線）÷ 2

次の図形の面積を求めましょう。

①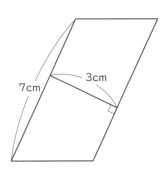

式

答え _____

②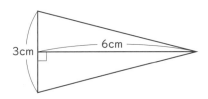

式

答え _____

③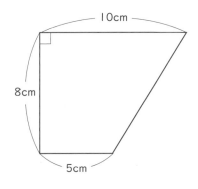

式

答え _____

④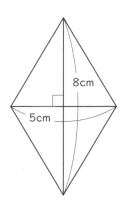

式

答え _____

 ロボたまにインストール…

台形の面積＝（　　＋　　）×（　　　）÷２　で求められるよ。

月　　日　　名前

今日のやる気度は？
☆☆☆☆☆

トライ　次の問いに答えましょう。

①　20個まいたアサガオの種のうち、16個が芽を出しました。
　　芽を出した割合を求めましょう。

　式

　　　　　　　　　　　　　　　　　　　　　　　答え _____

②　次の（　）にあてはまる数をかきましょう。

　　0.7 ＝（　　　　　　）%　　　　　　0.3 ＝（　　　　　　）割

はて？

割合ってどうかくんだったかな？

　もとにする量を1とみたときに、比べられる量がその数のどれだけにあたるかを表した数を割合といいます。

　割合は、次の式で求めることができます。

　　割合 ＝ 比べられる量 ÷ もとにする量

比べられる量は、次の式で求めることができます。

　　比べられる量 ＝ もとにする量 × 割合

もとにする量は、次の式で求めることができます。

　　もとにする量 ＝ 比べられる量 ÷ 割合

割合を表す小数の0.01を、1パーセントといい、1%とかきます。
パーセント（%）で表した割合を、百分率といいます。
百分率は、もとにする数を100として表した割合です。
小数で表した割合を100倍すれば、百分率になります。

割　合	0	0.1		0.5	0.7		1	
百分率	0	10		50	70		100	(%)

①　式　16 ÷ 20 ＝ 0.8　　　答え　0.8

1 バスケットボールのシュート練習をしました。
20本のうち14本成功しました。成功したのは何％ですか。

式

　　　　　　　　　　　　　　　　　　　　　　答え ＿＿＿＿＿＿＿＿＿＿＿＿

2 定価700円の商品を、定価の8割で買いました。
商品はいくらで買えましたか。

式

　　　　　　　　　　　　　　　　　　　　　　答え ＿＿＿＿＿＿＿＿＿＿＿＿

3 本を120ページ読みました。これは全体の80％にあたります。
この本は何ページありますか。

式

　　　　　　　　　　　　　　　　　　　　　　答え ＿＿＿＿＿＿＿＿＿＿＿＿

4 次の表にあてはまる数をかきましょう。

割　合	百分率	歩　合
0.4		
	60%	
		7割5分

歩合は、0.1を1割、0.01を1分、0.001を厘と表すよ

ロボたまにインストール…

ジャンケンで6回のうち4回勝ったときの割合を求めるとき、
くらべる量は（　　　回）で、もとにする量は（　　　回）だよ。

さんすう
🥄 クロスワード 🍴

次の「カギ」（ヒント）を手がかりに、クロスワードを完成させましょう。

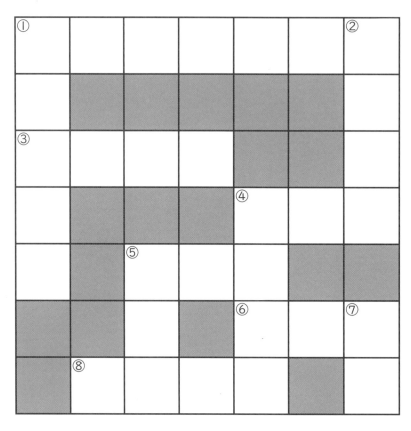

🔑 たてのカギ

① ⊙　円の○○○○○という

② その数をふくんで、そこから
　　上のこと　例「４○○○○」
　　（たて⑦の反対）

④ ４＋３＝３＋４のように前と
　　後をかえても答えがかわらな
　　いことを「○○○○のきまり」

⑤ 丸い図形。ボールの形のこと

⑦ その数をふくんで、そこから
　　下のこと　例「８○○」
　　（たて④の反対）

🔑 よこのカギ

① ⬛　←この立体の名前

③ 入れ物の内側を測った長さの
　　こと

④ 平均＝合計÷○○○

⑤ ２でわり切れない整数のこと

⑥ ⬜　台形の ── のこと

⑧ 分母のちがう分数を、大きさ
　　を変えないで分母をそろえる
　　こと

$$\left(\frac{1}{2},\ \frac{1}{3} = \frac{3}{6},\ \frac{2}{6} \right)$$

6年生

ロボたまが
進化したよ！

もう1回
進化するぞ
この調子で最後まで
がんばるのじゃ！

1 線対称

トライ 次の図形はすべて線対称(せんたいしょう)な図形です。
定規(じょうぎ)を使って図に対称の軸(じく)をかき、軸が何本
あるか（　）に答えましょう。

対称の軸は１本とは
かぎらないね

① 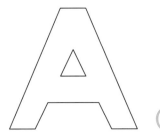　（　　　　　）

② 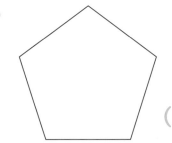　（　　　　　）

 線対称にするには、たしか線を……

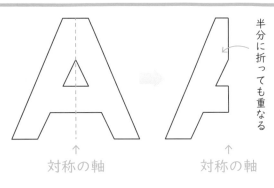

半分に折っても重なる

↑ 対称の軸　　　↑ 対称の軸

ある図形を１本の直線を折り目にして折った
ときに、ぴったり重なる図形を 線対称(せんたいしょう)な図形
といいます。

この折り目にした直線を 対称の軸(じく) といいます。
線対称(せんたいしょう)な図形を、対称の軸(じく)で折ったとき、重
なり合う点や辺や角を 対応する点、
対応する辺、対応する角 といいます。

線対称な図形では、対応する点を結ぶ直線は、対称の軸と 垂直(すいちょく) に交わり、
対称の軸から、対応する点までの 長さは等しく なっています。

トライの答え　① １本　② ５本

 次の線対称な図形を、対称の軸で折ったときについて答えましょう。

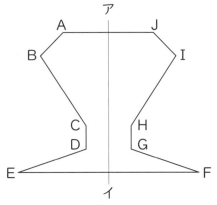

① 次の点に対応する点は、どれですか。
点Aと（点　　　　）、点Cと（　　　　　）

② 次の辺に対応する辺はどれですか。
辺ABと（辺　　　　）、辺CDと（　　　　　）

③ 次の角に対応する角はどれですか。
角Bと（角　　　　）、角Gと（　　　　　）

トライ 点Oを対称の中心とする点対称（てんたいしょう）の図形をかきましょう。

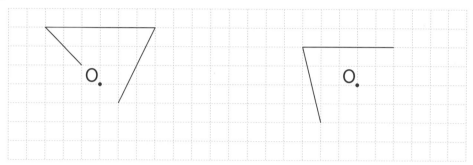

点対称の図形は、確か点を……

　1つの点のまわりで180°回転させたとき、もとの形にぴったりと重なる図形を <u>点対称な図形</u> といいます。

　この回転させた点を、<u>対称の中心</u> といいます。

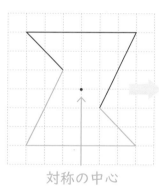

対称の中心　　　　対称の中心

半回転しても重なる

　点対称な図形を、対称の中心で180°回転させたとき、ぴったりと重なる点や辺や角を、<u>対応する点</u>、<u>対応する辺</u>、<u>対応する角</u> といいます。

　点対称（てんたいしょう）な図形では、対応する点を結ぶ直線は、<u>対称の中心</u> を通ります。

　この対称の中心から対応する2つの点までの長さは等しくなります。

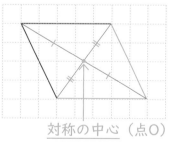

対称の中心（点O）

　次の点対称な図形を、点Oを中心にして回転させたときについて答えましょう。

① 重なる点は、点Aと（点　　　　）、点Bと（　　　　）

② 重なる辺は、辺ABと（辺　　　　）、辺ADと（　　　　）

③ 重なる角は、角Bと（角　　　　）、角Cと（　　　　）

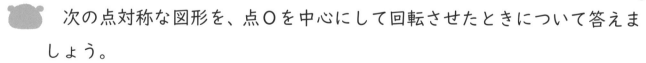

③ 文字と式

月　　日　　名前

トライ　１本50円のえん筆 x 本と150円のノートを１冊買います。

①　代金を y 円として、x と y の関係を式に表しましょう。

式

②　代金（y）は450円でした。えん筆は何本買いましたか。

式

答え

　x をどこにかければいいかな？

代金を y 円として、x と y の関係を式に表すと

$$\underset{\substack{\text{えんぴつ}\\ \text{1本の値段}}}{} \quad \underset{\text{（本数）}}{} \quad \underset{\substack{\text{ノート}\\ \text{の値段}}}{} \quad \underset{\text{（代金）}}{}$$

①　式　$50 \times x + 150 = y$

代金が450円なら

②　式　$50 \times x + 150 = 450$

$50 \times x = 300$

$x = 6$　　　答え　6本

となり、えん筆を6本買ったことがわかります。

① 横の長さが x cmのとき、長方形の面積を y cm² とします。

図の長方形の面積の関係を x、y を使って式に表しましょう。

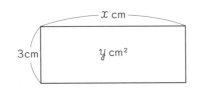

$y =$

2 次の場面にあてはまる式を □ からえらんで（ ）に記号でかきましょう。

| ⑦ $x+10$ | ⑦ $x-10$ | ⑦ $x×10$ | ⑪ $x÷10$ |

① xまいの色紙を10人で同じ数ずつ分けたときの1人分のまい数

（　　　　　）

② 底辺が$x$cm、高さが10cmの平行四辺形の面積

（　　　　　）

3 次の式のxを求めましょう。

① $12+x=30$ 　　　② $x×8=40$

③ $x-16=24$ 　　　④ $x÷7=9$

4 60円のえん筆を何本かと120円のノートを1冊買います。

① えん筆の本数をx本、全部の代金をy円として、xとyの関係を式に表しましょう。
式

② xの値が5になるとき、yを求めましょう。
あたい
式

答え _____

ロボたまにインストール…

$x+5=y$の式で、xが7のときyの値は（　　　　　）だよ。

4 分数のかけ算①

今日のやる気度は？
★★★★★

 次の計算をしましょう。約分できるところは約分しましょう。

① $\dfrac{2}{5} \times \dfrac{2}{3} =$

② $\dfrac{3}{4} \times \dfrac{5}{6} =$

③ $\dfrac{4}{7} \times \dfrac{7}{9} =$

パニック

分数のたし算、ひき算では通分していたけど……

分数のかけ算

$$\dfrac{\text{分子}}{\text{分母}} \times \dfrac{\text{分子}}{\text{分母}} = \dfrac{\text{分子} \times \text{分子}}{\text{分母} \times \text{分母}}$$　←分子どうしをかける
←分母どうしをかける

① $\dfrac{2}{5} \times \dfrac{2}{3} = \dfrac{2 \times 2}{5 \times 3} = \dfrac{4}{15}$

約分あり

② $\dfrac{3}{4} \times \dfrac{5}{6} = \dfrac{\overset{1}{3} \times 5}{4 \times \underset{2}{6}} = \dfrac{5}{8}$　／ の方向に約分できます。

③ $\dfrac{4}{7} \times \dfrac{7}{9} = \dfrac{4 \times \overset{1}{7}}{\underset{1}{7} \times 9} = \dfrac{4}{9}$　／ の方向に約分できます。

1 次の計算をしましょう。

① $\dfrac{1}{2} \times \dfrac{1}{3} =$

② $\dfrac{3}{5} \times \dfrac{7}{8} =$

③ $\dfrac{1}{7} \times \dfrac{3}{4} =$

④ $\dfrac{5}{6} \times \dfrac{1}{9} =$

2 次の計算をしましょう。約分できるところは約分しましょう。

① $\dfrac{2}{3} \times \dfrac{1}{4} =$

② $\dfrac{5}{8} \times \dfrac{3}{5} =$

③ $\dfrac{6}{7} \times \dfrac{5}{8} =$

④ $\dfrac{8}{9} \times \dfrac{7}{12} =$

3 次の計算をしましょう。約分できるところは約分しましょう。

① $\dfrac{4}{7} \times \dfrac{7}{9} =$

② $\dfrac{3}{10} \times \dfrac{4}{5} =$

③ $\dfrac{4}{15} \times \dfrac{6}{7} =$

④ $\dfrac{5}{18} \times \dfrac{12}{13} =$

5 分数のかけ算②

 次の計算をしましょう。

① $\dfrac{1}{4} \times 3 =$

② $3 \times \dfrac{1}{5} =$

③ $1\dfrac{2}{3} \times 2\dfrac{3}{4} =$

分数と整数が入っているかけ算は……

分数のかけ算

$$\dfrac{分子}{分母} \times 整数 = \dfrac{分子 \times 整数}{分母}$$

$$整数 \times \dfrac{分子}{分母} = \dfrac{整数 \times 分子}{分母}$$

整数は分子にかけるんだね！

帯分数 × 帯分数 ＝ 仮分数 × 仮分数

① $\dfrac{1}{4} \times 3 = \dfrac{1 \times 3}{4} = \dfrac{3}{4}$

② $3 \times \dfrac{1}{5} = \dfrac{3 \times 1}{5} = \dfrac{3}{5}$

③ $1\dfrac{2}{3} \times 2\dfrac{3}{4} = \dfrac{5}{3} \times \dfrac{11}{4} = \dfrac{55}{12} = 4\dfrac{7}{12}$

1 次の計算をしましょう。

① $\dfrac{1}{7} \times 3 =$

② $\dfrac{2}{9} \times 4 =$

③ $\dfrac{1}{6} \times 4 =$

④ $\dfrac{3}{8} \times 2 =$

2 次の計算をしましょう。

① $3 \times \dfrac{1}{8} =$

② $2 \times \dfrac{4}{9} =$

③ $6 \times \dfrac{1}{3} =$

④ $9 \times \dfrac{2}{3} =$

3 次の計算をしましょう。

① $2\dfrac{1}{2} \times \dfrac{2}{3} =$

② $3\dfrac{3}{4} \times \dfrac{2}{5} =$

③ $1\dfrac{1}{5} \times 1\dfrac{1}{4} =$

④ $1\dfrac{4}{5} \times 2\dfrac{2}{9} =$

6 分数のかけ算③

月　　日　　名前

今日のやる気度は？

 1 dLの量で $\dfrac{2}{5}$ m²のかべがぬれるペンキがあります。

$\dfrac{2}{3}$ dLでは、何m²のかべがぬれますか。

式

答え _____

はて？

ペンキがぬれる面積ってどうやって考えたらいいのかな？

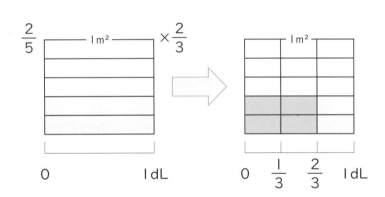

縦に５等分し、横に３等分すると □ が５×３＝15個できます。

$\dfrac{2}{5} \times \dfrac{2}{3}$ を表すのは ▨ で４個。$\dfrac{4}{15}$ 個です。

式　$\dfrac{2}{5} \times \dfrac{2}{3} = \dfrac{4}{15}$　　　　答え　$\dfrac{4}{15}$ m²

42

1 1mあたりの重さが $\frac{6}{7}$ kgの鉄の棒があります。

この鉄の棒 $\frac{5}{18}$ mの重さは何kgですか。

式

答え _____

2 1Lの重さが900gの油があります。

この油 $\frac{2}{3}$ Lの重さは何gですか。

式

答え _____

3 かべにペンキをぬるのに、1m²あたり $1\frac{3}{5}$ dL使います。

$2\frac{3}{4}$ m²のかべをぬるには、何dLのペンキが必要ですか。

式

答え _____

4 次の式で、積が5より小さくなる式はどれですか。

㋐ $5 \times 1\frac{5}{6}$　　　㋑ $5 \times \frac{6}{7}$　　　㋒ $5 \times \frac{9}{8}$　　　（　　　　　）

分数のわり算①

月　　日　　名前

トライ　次の計算をしましょう。

① $\dfrac{1}{5} \div \dfrac{3}{4} =$

② $\dfrac{2}{3} \div \dfrac{4}{5} =$

③ $\dfrac{3}{4} \div \dfrac{5}{6} =$

分数のわり算の方法がわからないなー

---

① ÷を×にする

$\dfrac{1}{5} \div \dfrac{3}{4} = \dfrac{1}{5} \times \dfrac{4}{3} = \dfrac{1 \times 4}{5 \times 3} = \dfrac{4}{15}$

逆数にする

約分あり

② $\dfrac{2}{3} \div \dfrac{4}{5} = \dfrac{2}{3} \times \dfrac{5}{4} = \dfrac{2 \times 5}{3 \times 4} = \dfrac{5}{6}$

③ $\dfrac{3}{4} \div \dfrac{5}{6} = \dfrac{3}{4} \times \dfrac{6}{5} = \dfrac{3 \times 6}{4 \times 5} = \dfrac{9}{10}$

1 次の計算をしましょう。

① $\dfrac{1}{6} \div \dfrac{3}{5} =$

② $\dfrac{2}{5} \div \dfrac{3}{4} =$

③ $\dfrac{3}{7} \div \dfrac{4}{5} =$

④ $\dfrac{1}{4} \div \dfrac{3}{5} =$

2 次の計算をしましょう。約分できるところは約分しましょう。

① $\dfrac{5}{9} \div \dfrac{5}{8} =$

② $\dfrac{3}{8} \div \dfrac{3}{7} =$

③ $\dfrac{5}{6} \div \dfrac{10}{11} =$

④ $\dfrac{2}{9} \div \dfrac{4}{7} =$

3 次の計算をしましょう。約分できるところは約分しましょう。

① $\dfrac{2}{7} \div \dfrac{5}{7} =$

② $\dfrac{3}{5} \div \dfrac{7}{10} =$

③ $\dfrac{3}{8} \div \dfrac{5}{6} =$

④ $\dfrac{3}{4} \div \dfrac{1}{8} =$

8 分数のわり算②

月　　日　　名前

トライ 次の計算をしましょう。

① $5 \div \dfrac{2}{3} =$

② $\dfrac{2}{3} \div 1\dfrac{3}{5} =$

分数と整数が入っているわり算は……

$$\text{整数} \div \frac{\text{分子}}{\text{分母}} = \frac{\text{整数}}{1} \div \frac{\text{分子}}{\text{分母}} = \frac{\text{整数} \times \text{分母}}{1 \times \text{分子}}$$

$$\text{帯分数} \div \text{帯分数} = \text{仮分数} \div \text{仮分数}$$

整数は分母が1の
分数になおせば
計算できるね！

① $5 \div \dfrac{2}{3} = \dfrac{5}{1} \div \dfrac{2}{3} = \dfrac{5 \times 3}{1 \times 2} = \dfrac{15}{2} = 7\dfrac{1}{2}$ （逆数）

② $\dfrac{2}{3} \div 1\dfrac{3}{5} = \dfrac{2}{3} \div \dfrac{8}{5} = \dfrac{2 \times 5}{3 \times 8} = \dfrac{5}{12}$ （逆数）

1 次の計算をしましょう。約分できるところは約分し、仮分数は帯分数にしましょう。

① $5 \div \dfrac{3}{4} =$　　　　　　　② $7 \div \dfrac{4}{5} =$

③ $9 \div \dfrac{3}{8} =$　　　　　　　④ $15 \div \dfrac{5}{6} =$

2 次の計算をしましょう。約分できるところは約分し、仮分数は帯分数にしましょう。

① $\dfrac{3}{4} \div 1\dfrac{2}{7} =$　　　　　　② $\dfrac{4}{5} \div 2\dfrac{2}{3} =$

③ $4\dfrac{2}{3} \div \dfrac{7}{9} =$　　　　　　④ $3\dfrac{1}{8} \div \dfrac{5}{12} =$

⑤ $1\dfrac{3}{8} \div 2\dfrac{3}{4} =$　　　　　⑥ $2\dfrac{1}{6} \div 1\dfrac{4}{9} =$

9 分数のわり算③

 $\dfrac{2}{5}$ m²のかべをぬるのに、ペンキ $\dfrac{3}{4}$ dL使います。

ペンキ1dLでは、何m²のかべがぬれますか。

式

答え _____

「1あたり」を求める式は、なに算だったかな？

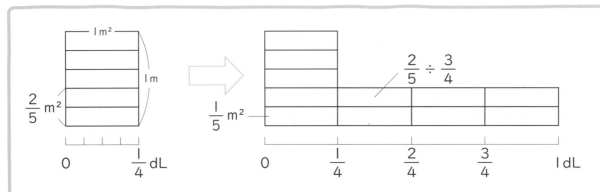

上の ☐ 1つ分は $\dfrac{1}{15}$ です。

1dLでぬれるのは8個分になります。

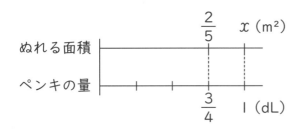

式 $\dfrac{2}{5} \div \dfrac{3}{4} = \dfrac{2}{5} \times \dfrac{4}{3} = \dfrac{2 \times 4}{5 \times 3} = \dfrac{8}{15}$

答え $\dfrac{8}{15}$ m²

1 ジュースを $1\frac{4}{5}$ L買って、180円はらいました。

1Lではいくらになりますか。

式

答え _____

2 $3\frac{1}{5}$ mのリボンがあります。

$\frac{4}{15}$ mずつ切ると、何本できますか。

式

答え _____

3 $3\frac{8}{9}$ m²のかべをぬるのに、$9\frac{1}{3}$ dLのペンキを使います。

ペンキ1dLでは、何m²のかべがぬれますか。

式

答え _____

4 次の式で、商が5より小さくなる式はどれですか。

㋐ $5 \div \frac{5}{6}$　　　㋑ $5 \div 1\frac{1}{7}$　　　㋒ $5 \div \frac{7}{9}$　　　（　　　　　）

ロボたまにインストール…

分数のわり算は、わる数の分数の（　　　　）と（　　　　）を

逆にしてからかけるよ。$\frac{3}{4} \div \frac{2}{5} = \frac{3}{4} \times \left(\dfrac{\quad}{\quad}\right)$

いろいろな分数

月　　日　　名前

　次の計算をしましょう。

① $\dfrac{7}{9} \div \dfrac{2}{3} \times \dfrac{4}{7} =$

② $\dfrac{1}{4}$ 時間は、何分ですか。

式

答え _____

分数っていろいろな使い方があるんだね

---

① $\dfrac{7}{9} \boxed{\div \dfrac{2}{3}} \times \dfrac{4}{7} = \dfrac{7}{9} \boxed{\times \dfrac{3}{2}} \times \dfrac{4}{7}$

$= \dfrac{7 \times 3 \times \overset{2}{4}}{\underset{3}{9} \times 2 \times 7} = \dfrac{2}{3}$

わり算とかけ算が
まじった式は
わり算をかけ算にして
計算するよ

②
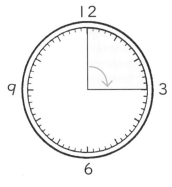

式　$60 \times \dfrac{1}{4} = \dfrac{\overset{15}{60} \times 1}{1 \times \underset{}{4}} = 15$

答え　15分

1時間 ⟶ $\dfrac{1}{4}$ 時間

$\times \dfrac{1}{4}$

1 次の計算をしましょう。

① $\dfrac{2}{3} \times \dfrac{1}{2} \times \dfrac{3}{4} =$

② $\dfrac{3}{4} \times \dfrac{2}{15} \div \dfrac{3}{10} =$

③ $\dfrac{5}{8} \div \dfrac{3}{4} \div \dfrac{5}{6} =$

2 次の時間を分数で表しましょう。

① 40分 $= \dfrac{(\quad)}{60}$ 時間

$= \dfrac{}{}$ 時間

② 70分 $= \dfrac{(\quad)}{60}$ 時間

$= \dfrac{}{}$ 時間

3 次の時間を整数で表しましょう。

① $\dfrac{3}{4}$ 時間 $= 60$分 $\times \dfrac{3}{4}$

$= \dfrac{}{}$ 分

$=$ 分

② $\dfrac{5}{6}$ 時間 $= 60$分 $\times \dfrac{5}{6}$

$= \dfrac{}{}$ 分

$=$ 分

ロボたまにインストール…

20秒を分数の分 $\left(\dfrac{?}{?}分\right)$ で表すと、

1分は（　　　）秒なので $\dfrac{(\ 20\ )}{(\quad)}$ 分 $= \dfrac{(\quad)}{(\quad)}$ 分だよ。

11 小数・分数

月　日　名前

トライ　次の問いに答えましょう。

① 次の小数を分数で表しましょう。

$$0.7 = \qquad\qquad 1.4 =$$

② 次の計算をしましょう。

$$0.7 \times \frac{2}{5} =$$

小数を分数で表してみると……

---

① $0.7 = \dfrac{7}{10}$　分数にして約分できるときは約分しよう。　$0.6 = \dfrac{6}{10} = \dfrac{3}{5}$

約分する

② 小数と分数がまざった計算

$$0.7 \times \frac{2}{5} = \frac{7 \times 2}{10 \times 5}$$

$$= \frac{7}{25}$$

トライの答え　① $\dfrac{7}{10}$、$\dfrac{14}{10} = \dfrac{7}{5}$　② $\dfrac{7}{25}$

1 次の小数を分数で表しましょう。

① $0.5 = ($ $)$　　② $0.9 = ($ $)$

③ $1.1 = ($ $)$　　④ $1.2 = ($ $)$

⑤ $1.8 = ($ $)$　　⑥ $2.5 = ($ $)$

2 次の計算をしましょう。

① $0.6 \times \dfrac{2}{3} =$ 　　　　② $\dfrac{1}{2} \times 0.4 =$

③ $0.6 \times \dfrac{1}{6} =$ 　　　　④ $\dfrac{3}{4} \times 0.8 =$

⑤ $\dfrac{4}{5} \div 0.4 =$ 　　　　⑥ $\dfrac{4}{9} \div 0.8 =$

⑦ $0.7 \div \dfrac{7}{12} =$ 　　　　⑧ $\dfrac{5}{8} \div 0.3 =$

ロボたまにインストール…

小数と分数がまじった計算は、
小数を（　　　　）になおして計算するよ。$0.3 = \left(\dfrac{}{}\right)$

12 場合の数①

今日のやる気度は？
☆☆☆☆☆

トライ [1] [2] [3] の3枚（まい）のカードがあります。

カードを1枚ずつ使って3けたの整数を作ります。

できる整数をすべてかき、何通りあるか調べましょう。

答え _____

はて？

並（なら）べ方を調べるには……

3枚のカードの並べ方

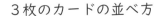
百の位	十の位	一の位

```
        ┌─ 2 ── 3
    1 ──┤
        └─ 3 ── 2

        ┌─ 1 ── 3
    2 ──┤
        └─ 3 ── 1

        ┌─ 1 ── 2
    3 ──┤
        └─ 2 ── 1
```

} 6通り

左の木の枝のような図を樹形図（じゅけいず）といいます。

重なりがないように
すべての並べ方がわかるよ

できる3けたの整数

　123、132、213、231、312、321

ぜんぶで6通り。

1 コインを続けて2回投げます。

このとき、表と裏(うら)の出方は何通りありますか。

1回目　　2回目

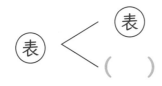

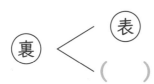

答え _____

2 コインを3回投げます。

このとき表と裏の出方は何通りありますか。

樹形図をかいて考えましょう。

1回目　　2回目　　3回目

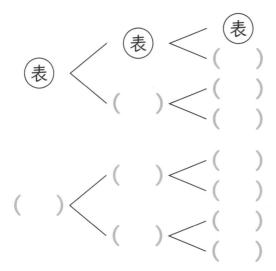

答え _____

ロボたまに**インストール**…

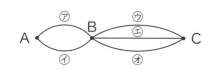

AからCへの行き方は
(　　　　　) 通りあります。

月　　日　　名前

 赤、青、黄、緑の4色から2色選びます。

何通りの組み合わせができますか。

答え _____

はて？

組み合わせを調べるには……

組み合わせ方は、次のような図や表に表して調べることができます。

①

赤	青	黄	緑
○	○		
○		○	
○			○
	○	○	
	○		○
		○	○

②

	赤	青	黄	緑
赤		○	○	○
青			○	○
黄				○
緑				

③

線の数が組み合わせの数

④
赤 〈 青
     黄
     (緑)

青 〈 (黄)
     緑

黄 ── (緑)

⑤

組み合わせ方は、並べ方の
半分の数になっています。
例　赤ー青、青ー赤は同じ。

答え　6通り

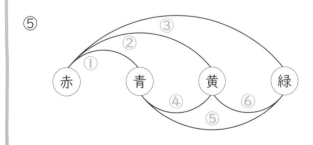

1 赤、青、黄、緑、白の5色から2色選びます。
何通りの組み合わせができますか。

答え _____

2 A、B、C、Dの4チームで勝ちぬき戦（トーナメント戦）をします。
全部で何試合することになりますか。図を見て答えましょう。

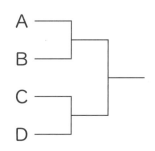

答え _____

3 8チームで勝ちぬき戦（トーナメント戦）をします。
全部で何試合することになりますか。図を完成させ答えましょう。

```
 ┌─┐   ┌─┐   ┌─┐   ┌─┐
 A B   C D   E F   G H
```

答え _____

ロボたまにインストール…

3枚のカードから2枚を選ぶ並べ方は　A $<{B \atop C}$　B $<{A \atop C}$　C $<{A \atop B}$
の（　　）通りで3枚のカードから2枚を選ぶ
組み合わせは　A $<{B \atop C}$　B─C　の（　　）通りだよ。

14 資料の調べ方①

月　　日　　名前

今日のやる気度は？

 次の表を見て答えましょう。

テストの点数

回数(回)	1	2	3	4	5
点数(点)	90	70	80	100	70

① 平均値（点）を求めましょう。　　　　　　　　答え _____

② 全体のちらばりがわかるようにドットプロットで表しましょう。

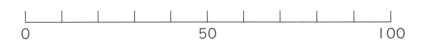

0　　　　　　　　50　　　　　　　　100

③ 中央値と最ひん値を求めましょう。

　　　　　　　　中央値 _____　　　　最ひん値 _____

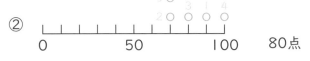 表やグラフで調べるとべんりだね

データ（資料）の特ちょうやようすを表すときに、平均値、最ひん値、中央値が使われます。これらの値のようにそのデータを代表する値を代表値といいます。

平 均 値…データの合計を、その個数でわった平均の値
最ひん値…データの中で最も多く出てくる値
中 央 値…データを大きさの順に並べたときの真ん中の値

① （90 ＋ 70 ＋ 80 ＋ 100 ＋ 70）÷ 5 ＝ 82点　　　答え　82点

②
```
      5○
      3 1 4
   2○  ○ ○ ○
```
0　　　　50　　　　100　　80点

このような図を「ドットプロット」といいます

③ 中央値　80点 （5個の○の真ん中になる点→3） 最ひん値　70点

データを整理するときに、7秒以上8秒未満のような区間に区切って整理した表を度数分布表といいます。このときの区間のことを階級といい、それぞれの階級に入るデータの個数を度数といいます。

1 次の表は、6年1組のソフトボール投げの記録です。

中央値と最ひん値を求めましょう。

●6年1組のソフトボール投げの記録●

番号	1	2	3	4	5	6	7	8	9
きょり(m)	15	28	30	25	28	35	25	36	25

10　　　　15　　　　20　　　　25　　　　30　　　　35　　　　40 (m)

中央値　　　　　　　　　　最ひん値

2 次の表は、6年1組の50m走の記録です。

後の問いに答えましょう。

●6年1組の50m走の記録●

番号(人)	1	2	3	4	5	6	7	8	9	10	11	12	13	14	15
記録(秒)	9.1	9.8	8.5	7.9	9.2	10.1	9.1	11.3	8.5	7.6	8.8	10.5	8.5	7.7	9.9

●6年1組の50m走の記録●

階級(秒)	度数(人)	正
7秒以上 8秒未満		
8秒以上 9秒未満		
9秒以上10秒未満		
10秒以上11秒未満		
11秒以上12秒未満		
合　計		

① このデータを左の度数分布表に表しましょう。

② このデータの最ひん値を求めましょう。

（　　　　　　　　　　）

③ このデータの中央値はどの階級になりますか。

（　　　　　　　　　　）

15 資料の調べ方②

月　　日　　名前

トライ 次の表は、6年2組のソフトボール投げの記録です。
後の問いに答えましょう。

① この表をもとに柱状グラフを作りましょう。

● 6年2組のソフトボール投げの記録 ●

きょり(m)	2組(人)
5 m以上〜10m未満	1
10m以上〜15m未満	2
15m以上〜20m未満	4
20m以上〜25m未満	6
25m以上〜30m未満	3
30m以上〜35m未満	2
合　計	18

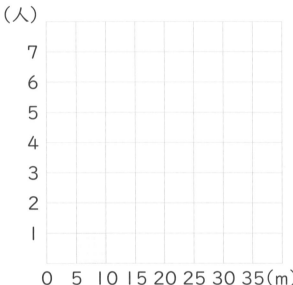

② このデータの中央値はどの区切りになりますか。

(　　　　　　　　　　　　　　　　　　　　)

① ● ソフトボールの投げ記録 ● （2組）

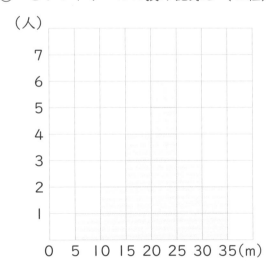

〈柱状グラフのかき方〉

1　横軸に投げたきょり、縦軸に人数の目
もりを書きます。

2　きょりのはんいを横、人数を縦に柱の
ような長方形をかきます。
（棒グラフのようなすき間は
あけません）

トライの答え ② 20m以上〜25m未満

次の表は、6年3組のソフトボール投げの記録です。
後の問いに答えましょう。

番号	1	2	3	4	5	6	7	8
記録(m)	19	25	10	22	28	20	11	24
番号	9	10	11	12	13	14	15	16
記録(m)	22	14	29	29	33	9	22	15

① 調べたことを次の度数分布表にまとめましょう。

② この表をもとに柱状グラフを作りましょう。

●ソフトボール投げの記録●

きょり(m)	3組(人)	正
5 m以上～10m未満		
10m以上～15m未満		
15m以上～20m未満		
20m以上～25m未満		
25m以上～30m未満		
30m以上～35m未満		
合　計		

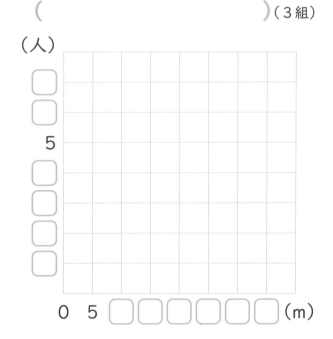

② このデータの中央値はどの階級になりますか。

（　　　　　　　　　　　）

③ このデータの最ひん値を求めましょう。　（　　　　　　　）

ロボたまにインストール…

データの中で最も多く出てくる値を（　　　　）といい、
大きさの順に並べたときの真ん中の値を（　　　　）というよ。

 **比**

月　　日　　名前

トライ 次の比と等しい比を作りましょう。

① 2：3＝4：（　　　　　）　　② 8：6＝4：（　　　　　）

 比の数がどうなっているかな……

　小さじ1ぱい分と3ばい分などのように、もとになる大きさが同じいくつかの数の割合を表すとき、「：」を使います。

　小さじ1ぱい分と3ばい分なら「1：3」（一対三）とかきます。

　このように表した割合を比といいます。

　a：bで表された比で、bを1としたときにaがbの何倍にあたるかを表した数を、比の値といいます。a：b＝a÷b＝$\frac{a}{b}$

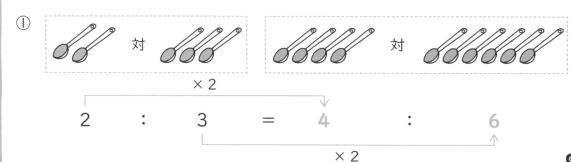

①

$$
\begin{array}{ccccccc}
2 & : & 3 & = & 4 & : & 6
\end{array}
$$

×2　　×2

　2：3と4：6は、量は2倍ですが同じ割合になります。

　このとき、2つの比は等しいといいます。

トライの答え　① 4：6　② 4：3

1 等しい比を作りましょう。

① 8：5＝（　　　　）：40　　② 6：7＝（　　　　）：21

③ 9：6＝3：（　　　　）　　④ 24：18＝（　　　　）：3

2 私と妹は、シールを持っています。

その枚数の比は6：5で、私の持っているシールは30枚です。

妹の持っているシールは何枚ですか。

式

答え _____

3 図書室にある物語の本と歴史の本の冊数の比は、7：2です。

歴史の本は300冊あります。物語の本は、何冊ありますか。

式

答え _____

5 40個のどんぐりを、私と妹で2：3になるように分けます。

それぞれ何個になりますか。

式

答え 私 _____ 、妹 _____

4 ある学校の5年生と6年生を合わせると90人です。

5年生と6年生の人数の比は、8：7です。

この学校の5年生と6年生の人数を求めましょう。

全体は8＋7＝15で
5年生は$\frac{8}{15}$になるよ

式

答え 5年生 _____ 、6年生 _____

ロボたまにインストール…

18：24 は 3：（ _____ ）と等しい比だよ。

 **比例**

月　　日　　名前

 今日のやる気度は？
☆☆☆☆☆

トライ　1分間に3Lずつ水を出しました。

水を出した時間 x、水の量 y とします。この2つの量は比例しています。

後の問いに答えましょう。

① 次の表は、水を出した時間と水の量の関係を表しています。表を完成させましょう。

時　間 x（分）	1	2	3	4	5	6
水の量 y（L）	3	6	9	12	15	18

② 2つの数の関係を x、y を使った式で表しましょう。

式

 はて？

y を調べる式を考えると……

　ともなって変わる2つの量 x と y があり、x の値が2倍、3倍、……になると、それに対応する y の値も2倍、3倍、……になるとき、この2つの量は比例するといいます。

　y が x に比例するとき、y を x の式で表すと、$y =$ 決まった数 $\times x$ になります。

トライ では、3ずつ増えるから、決まった数は3です。

⏻ ♪ ✛

トライの答え　② $y = 3 \times x$

1 次の文で、ともなって変わる2つの量が比例しているものに○をつけましょう。

① 1mあたり300gの針金の長さと重さ　　　　　　　　（　　　　）

② 正方形の1辺の長さと、周囲の長さ　　　　　　　　（　　　　）

③ 1L入りのジュースを飲んだ量と残った量　　　　　（　　　　）

2 次の表は、空の水そうに水を入れたときのようすを表しています。決まった量の水を x 分間入れたときの水の深さは y cmになりました。後の問いに答えましょう。

① 表を見て、グラフを完成させましょう。

時間 x （分）	0	1	2	3	4	5	6
深さ y （cm）	0	2	4	6	8	10	12

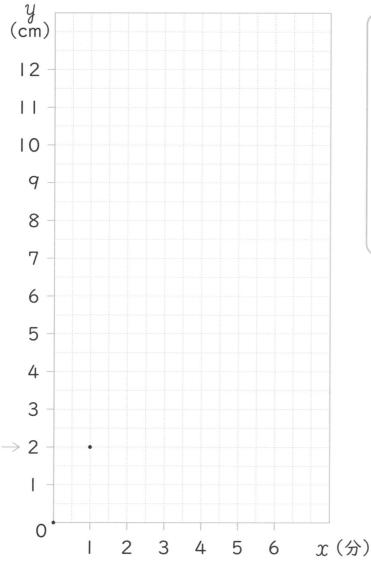

グラフにするとき

① 横軸と縦軸をかく。

② 横軸と縦軸の交わったところの点が0とかく。

③ 横軸に x、縦軸に y の値をそれぞれ1、2、3……と目もりをかく。

かきかた

x が1のとき、y が2だから交わる点に・をつける。

同じようにして、x が2、3……のときの点をとって、その点を結ぶ。

② x と y の関係を式に表しましょう。

式

ロボたまにインストール…

比例するグラフは［図］のように（　　　）の点を通る（　　　）になるよ。

トライ 面積が12cm²の長方形があります。
縦(たて)の長さを x cm、横の長さを y cmとします。
後の問いに答えましょう。

① 次の表は、面積が12cm²のときの、縦の長さと横の長さを表しています。
表を完成させましょう。

縦の長さ x (cm)	1	2	3	4	6	12
横の長さ y (cm)	12	6	4	3	2	1

② x と y の関係を式に表しましょう。

式

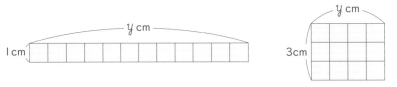
縦の長さが1増えると、どうなるかな？

ともなって変わる2つの量 x と y があって、x の値(あたい)が2倍、3倍、……になると、
y の値が $\frac{1}{2}$、$\frac{1}{3}$、……になるとき、この2つの量は 反比例(はんぴれい) するといいます。
単位あたり量を x、分量を y とすると、$x \times y = 決まった数$ と
表すことができます。
したがって、$y = 決まった数 \div x$　$x = 決まった数 \div y$　で求められます。

トライの答え　式　$x \times y = 12$

1 次の文で、ともなって変わる2つの量が反比例しているものに○をつけ
ましょう。

① おふろに水を入れる時間と、たまった水の深さ　　　（　　　）

② おふろに入れる水の量と、いっぱいになるのにかかる時間 （　　　）

2 面積が24cm²の長方形があります。
縦の長さを x cm、横の長さを y cmとします。
後の問いに答えましょう。

縦の長さ x（cm）	1	2	3	4	6	8	12	24
横の長さ y（cm）	24	12	8	6	4	3	2	1

① x と y の関係を式に表しましょう。

式

② 表を見て、グラフを完成させましょう。

点と点をなだらかな線で
結びましょう

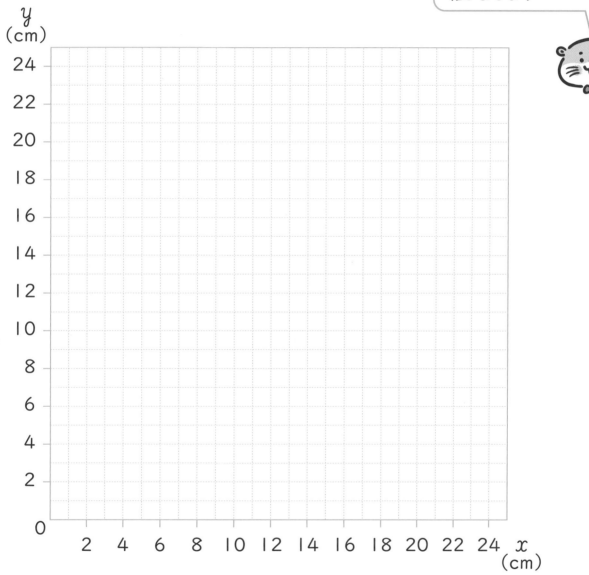

ロボたまにインストール…

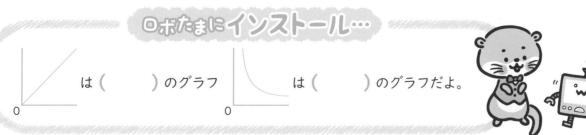

は（　　　　）のグラフ　　　は（　　　　）のグラフだよ。

19 拡大と縮小①

月　日　名前

トライ 次の図の2倍の拡大図（かくだいず）と $\frac{1}{2}$ の縮図（しゅくず）をかきましょう。

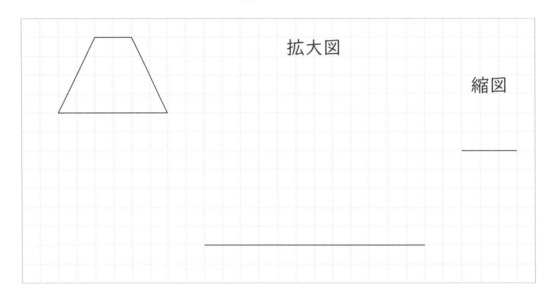

拡大図

縮図

はて？

拡大図・縮図をかくには、まず……

　どの部分の長さも2倍に拡大した図を「2倍の拡大図」といい、

どの部分も $\frac{1}{2}$ に縮めた図を「$\frac{1}{2}$ の縮図」といいます。

　拡大図や縮図では、対応する辺の長さの比はすべて等しくなります。

　また、対応する角の大きさは等しくなります。

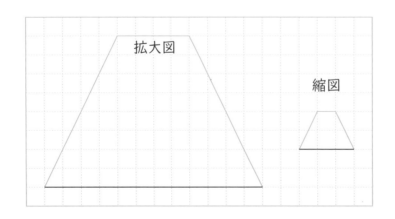

拡大図

縮図

1 次の四角形の2倍の拡大図と、$\frac{1}{2}$ の縮図を頂点Aを中心にしてかきましょう。

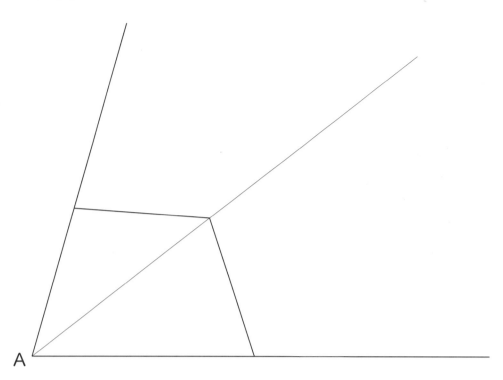

2 次の図の2倍の拡大図と、$\frac{1}{2}$ の縮図をかきましょう。

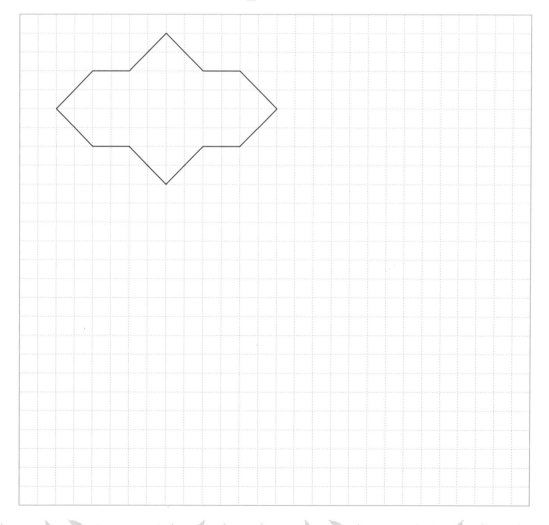

月　　日　　名前

 縦が25mあるプールの縮図をかきました。

この図の縮尺を求めて、分数で表しましょう。

プール 25m

式

答え _____

 「縮尺」は縮図から考えてみよう

縮図でもとの長さから縮めた割合のことを縮尺といい、

縮図上の長さ：実際の長さ

で求められます。

縮図では2cmで、実際は2mのとき $\frac{1}{100}$ の縮図といい、次のように表します。

$$2:200 = 1:100$$

$$\frac{1}{100}$$

0　　1　　2 (m)

プールの縮尺は、

　　　（縮図上の長さ）　（実際の長さ）

式　　　25mm　　：　　25m　　= 25mm：25000mm　←単位をそろえる

　　（2cm5mm）　　　　　　　　= 25 ：25000

$$= \frac{25}{25000}$$

$$= \frac{1}{1000}$$　　答え $\frac{1}{1000}$

1 次の図は、体育館の縮図です。
後の問いに答えましょう。

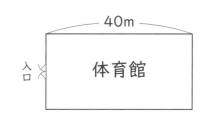

① この図の縮尺を求め、分数で答えましょう。

式

答え _____

② 体育館のたての長さは、実際には何mありますか。

式

答え _____

2 地図に図のように 縮 尺 が表されていました。
後の問いに答えましょう。

① 地図の縮尺を求め、分数で答えましょう。

式

答え _____

② この地図上で5cmのきょりは、実際には何kmありますか。

式

答え _____

ロボたまにインストール…

縮尺 $\frac{1}{100}$ の図で1cmのきょりは、実際では（　　　）mです。

21 円の面積①

月　　日　　名前

今日のやる気度は？
★★★★★

 次の円の面積を求めましょう。

 式

答え _____

円の面積の求め方がわからないなー

円を下のように等分しました。

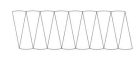 ⑦　このように並べました。

もっと小さい形に等分しました。

 ⑦

半径

円周の半分

円周の半分　　⑦の図は、長方形に近い形ですね。

長方形の面積 ＝　　縦　×　　横
　　　　　　　　⇓　　　　⇓
円 の 面 積 ＝（半径）×（円周の半分）…とします。
　　　　　　 ＝（半径）×（直径 × 円周率の半分）
　　　　　　 ＝（半径）×（半径 × 2 × 円周率 ÷ 2）
　　　　　　 ＝ 半径 × 半径 × 円周率

円の面積 ＝ 半径 × 半径 × 円周率
　　　　　　　　　　　　　（3.14）

　　式　4 × 4 × 3.14 = 50.24

　　　　　　　答え　50.24cm²

次の面積を求めましょう。　　　　　　　　　　　　　（円周率＝3.14）

①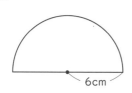

式

答え _____

②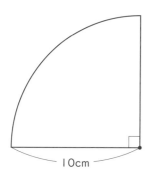

式

答え _____

③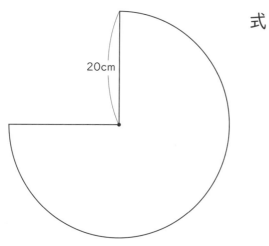

式

答え _____

④　円周が31.4cmの円

式

円周÷円周率＝直径
だったね

答え _____

今日のやる気度は？
☆☆☆☆☆

🐻 次の □ の部分の面積を求めましょう。

①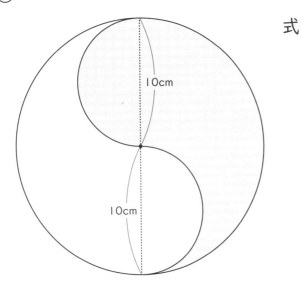

式

答え

②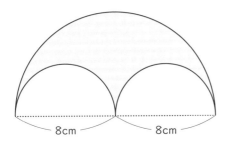

式

答え

③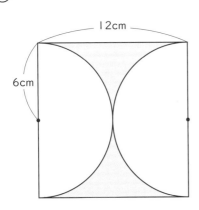

式

答え

2 次の形のおよその面積を考えましょう。

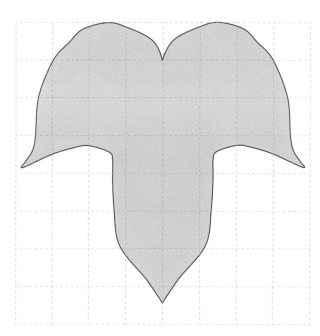

① ☐ 1つは何cm²ですか。

　　　　　　　　　（　　　　　）

② ☐や☐は、1つ0.5cm²と
考えます。

③ ☐はいくつありますか。

　　　　　　　　　（　　　　　）

④ ☐や☐はいくつありますか。

　　　　　　　　　（　　　　　）

⑤　この形の面積は、およそ何cm²になりますか。

　式

答え _____

3 次の形のおよその面積を考えましょう。

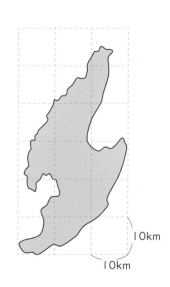

新潟県佐渡島（実際は855.26km²）

　式

10km
10km

少しでもマスに入って
いたら数えてね

答え _____

ロボたまにインストール…

直径20cmの円の面積は
（　　　　　）×（　　　　　）× 3.14 ＝（　　　　　）（cm²）だよ。

今日のやる気度は？

トライ 次の立体の体積を求めましょう。

①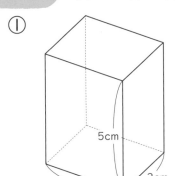

5cm
4cm
3cm

式

答え _____

②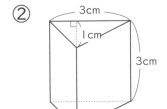

3cm
1cm
3cm

（底面は三角形）

式

答え _____

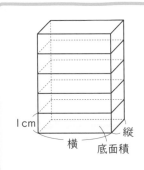

1cm
横　縦
底面積

四角柱の体積を求める式は、直方体と同じように考えられます。
縦×横は底面の形の面積のことなので底面積といいます。

直方体 ➡ 縦 × 横 × 高さ

四角柱 ➡ 底 面 積 × 高さ
（四角形）

この求め方は、三角柱でも同じように考えられます。

三角柱 ➡ 底 面 積 × 高さ
（三角形）

1cm
底辺　底面積

三角柱や四角柱と同じように他の多角柱も求められます。

角柱の体積 = 底面積 × 高さ

① 式　3×4×5＝60　　答え　60cm³

次の立体の体積を求めましょう。

①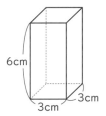

6cm
3cm
3cm

式

答え _____

②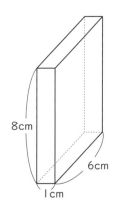

8cm
6cm
1cm

式

答え _____

③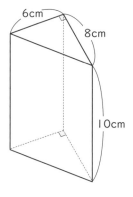

6cm
8cm
10cm

式

答え _____

④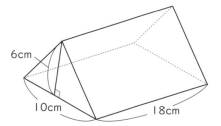

6cm
10cm
18cm

式

答え _____

24 柱状の体積②

今日のやる気度は？
☆☆☆☆☆

トライ　次の立体の体積を求めましょう。

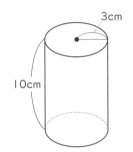

式

答え _____

今度は底面積が円になっているね

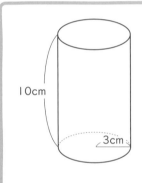

円柱の体積も、角柱の体積と同じように求められます。

円柱の体積 ＝ 底面積 × 高さ

半径がわかっているとき、
底面積は半径×半径×3.14で求められます。
直径がわかっているときは、直径を2でわってから
計算します。

式　$3 \times 3 \times 3.14 \times 10 = 282.6$　　　答え　$282.6cm^3$

次の立体の体積を求めましょう。

①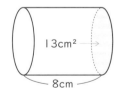

式

答え _____

②

式

答え _____

2 底面が台形の四角柱があります。後の問いに答えましょう。

① 底面積を求めましょう。

式

台形の面積は、
（上底＋下底）×高さ÷2だね

答え _____

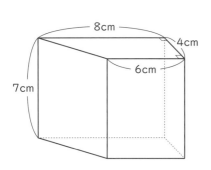

② 体積を求めましょう。

式

答え _____

3 展開図が図のようになる三角柱の体積を求めましょう。

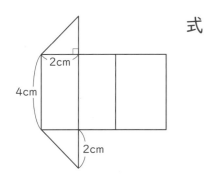

式

答え _____

4 次の三角柱の体積は70cm³です。この立体の高さを求めましょう。

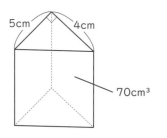

式

答え _____

◎ロボたまにインストール…

左の立体の体積は

（　　　　　）×（　　　　　）＝（　　　　　）cm³です。

学力の基礎をきたえどの子も伸ばす研究会

HPアドレス　http://gakuryoku.info/

常任委員長　岸本ひとみ
事務局　〒675-0032 加古川市加古川町備後178-1-2-102 岸本ひとみ方　☎・Fax 0794-26-5133

① めざすもの

　私たちは、すべての子どもたちが、日本国憲法と子どもの権利条約の精神に基づき、確かな学力の形成を通して豊かな人格の発達が保障され、民主平和の日本の主権者として成長することを願っています。しかし、発達の基盤ともいうべき学力の基礎を鍛えられないまま落ちこぼれている子どもたちが普遍化し、「荒れ」の情況があちこちで出てきています。

　私たちは、「見える学力、見えない学力」を共に養うこと、すなわち、基礎の学習をやり遂げさせることと、読書やいろいろな体験を積むことを通して、子どもたちが「自信と誇りとやる気」を持てるようになると考えています。

　私たちは、人格の発達が歪められている情況の中で、それを克服し、子どもたちが豊かに成長するような実践に挑戦します。

　そのために、つぎのような研究と活動を進めていきます。

　　① 「読み・書き・計算」を基軸とした学力の基礎をきたえる実践の創造と普及。
　　② 豊かで確かな学力づくりと子どもを励ます指導と評価の探究。
　　③ 特別な力量や経験がなくても、その気になれば「いつでも・どこでも・だれでも」ができる実践の普及。
　　④ 子どもの発達を軸とした父母・国民・他の民間教育団体との協力、共同。

　私たちの実践が、大多数の教職員や父母・国民の方々に支持され、大きな教育運動になるよう地道な努力を継続していきます。

② 会　　員

　・本会の「めざすもの」を認め、会費を納入する人は、会員になることができる。
　・会費は、年4000円とし、7月末までに納入すること。①または②

> ① 郵便振替　口座番号　00920-9-319769
> 　　名　称　学力の基礎をきたえどの子も伸ばす研究会

> ② ゆうちょ銀行
> 　店番099　店名〇九九店　当座0319769

　・特典　研究会をする場合、講師派遣の補助を受けることができる。
　　　　　大会参加費の割引を受けることができる。
　　　　　学力研ニュース、研究会などの案内を無料で送付してもらうことができる。
　　　　　自分の実践を学力研ニュースなどに発表することができる。
　　　　　研究の部会を作り、会場費などの補助を受けることができる。
　　　　　地域サークルを作り、会場費の補助を受けることができる。

③ 活　　動

　全国家庭塾連絡会と協力して以下の活動を行う。

　・全 国 大 会　全国の研究、実践の交流、深化をはかる場とし、年1回開催する。通常、夏に行う。
　・地域別集会　地域の研究、実践の交流、深化をはかる場とし、年1回開催する。
　・合宿研究会　研究、実践をさらに深化するために行う。
　・地域サークル　日常の研究、実践の交流、深化の場であり、本会の基本活動である。
　　　　　　　　可能な限り月1回の月例会を行う。
　・全国キャラバン　地域の要請に基づいて講師派遣をする。

全 国 家 庭 塾 連 絡 会

① めざすもの

　私たちは、日本国憲法と教育基本法の精神に基づき、すべての子どもたちが確かな学力と豊かな人格を身につけて、わが国の主権者として成長することを願っています。しかし、わが子も含めて、能力があるにもかかわらず、必要な学力が身につかないままになっている子どもたちがたくさんいることに心を痛めています。

　私たちは学力研が追究している教育活動に学びながら、「全国家庭塾連絡会」を結成しました。

　この会は、わが子に家庭学習の習慣化を促すことを主な活動内容とする家庭塾運動の交流と普及を目的としています。

　私たちの試みが、多くの父母や教職員、市民の方々に支持され、地域に根ざした大きな運動になるよう学力研と連携しながら努力を継続していきます。

② 会　　員

　本会の「めざすもの」を認め、会費を納入する人は会員になれる。
　会費は年額1500円とし（団体加入は年額3000円）、8月末までに納入する。
　会員は会報や連絡交流会の案内、学力研集会の情報などをもらえる。

> 事務局　〒564-0041 大阪府吹田市泉町4-29-13 影浦邦子方　☎・Fax 06-6380-0420
> 郵便振替　口座番号　00900-1-109969　　名称　全国家庭塾連絡会

算数だいじょうぶドリル　小学6年生

2021年1月20日　発行

●著者／金井 敬之
●デザイン／美濃企画株式会社
●制作担当編集／藤原 幸祐
●企画／清風堂書店
●HP／http://foruma.co.jp

●発行者／面屋 尚志
●発行所／フォーラム・A
　〒530-0056 大阪市北区兎我野町15-13 ミユキビル
　TEL／06-6365-5606　FAX／06-6365-5607
　振替／00970-3-127184
　乱丁・落丁本はおとりかえいたします。

小数のかけ算

①
```
    3.2
×   2.4
  1 2 8
  6 4
  7.6 8
```

②
```
    6.5
×   4.5
  3 2 5
2 6 0
2 9.2 5
```

③
```
    7.8
×   3.6
  4 6 8
2 3 4
2 8.0 8
```

④
```
    2.3 4
×     5.2
    4 6 8
1 1 7 0
1 2.1 6 8
```

⑤
```
    6.2 8
×     2.4
  2 5 1 2
1 2 5 6
1 5.0 7 2
```

⑥
```
    3.7 2
×     4.3
  1 1 1 6
1 4 8 8
1 5.9 9 6
```

⑦
```
  0.1 5
×   0.5
0.0 7 5
```

⑧
```
  0.2 4
×   0.6
0.1 4 4
```

⑨
```
  0.3 8
×   0.4
0.1 5 2
```

⑩
```
  2.4
× 0.5
1.2 0
```

⑪
```
  3.5
× 0.6
2.1 0
```

⑫
```
  0.6
× 0.3
0.1 8
```

⑬
```
  0.8
× 0.7
0.5 6
```

ロボたまにインストール… 小さく

2 小数のわり算

 ①
```
      5
1,7)8,5
    8 5
      0
```

②
```
      6
4,3)2,5,8
  2 5 8
      0
```

③
```
      6
1,5)9,0
  9 0
    0
```

 ①
```
        9
0,9)8,9
    8 1
    0.8
```

②
```
      3
2,6)8,1
    7 8
    0.3
```

③
```
        7 1
0,8)5 7,2
    5 6
      1 2
      8
      0.4
```

（9あまり0.8）（3あまり0.3）（71あまり0.4）

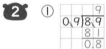 ①
```
        1 5
3,6)5 4,0
    3 6
    1 8 0
    1 8 0
        0
```

②
```
        1.2 5
5,2)6,5 0 0
    5 2
    1 3 0
    1 0 4
      2 6 0
      2 6 0
          0
```

③
```
        0.7 5
2,4)1,8 0 0
    1 6 8
      1 2 0
      1 2 0
          0
```

ロボたまにインストール… 0.2

3 整数の性質（倍数・公倍数）

ロボたまにインストール… 24

4 整数の性質（約数・公約数）

ロボたまにインストール… 2

5 分数（約分・通分）

1 ① $\frac{1}{3}$ ② $\frac{1}{2}$ ③ $\frac{5}{6}$

④ $\frac{2}{5}$ ⑤ $\frac{3}{4}$ ⑥ $\frac{5}{6}$

⑦ $\frac{4}{5}$ ⑧ $\frac{3}{4}$ ⑨ $\frac{2}{3}$

⑩ $\frac{2}{5}$ ⑪ $\frac{1}{2}$ ⑫ $\frac{4}{5}$

2 ① $\frac{4}{20}$, $\frac{5}{20}$ ② $\frac{7}{42}$, $\frac{12}{42}$

③ $\frac{6}{9}$, $\frac{4}{9}$ ④ $\frac{8}{10}$, $\frac{3}{10}$

⑤ $\frac{2}{12}$, $\frac{3}{12}$ ⑥ $\frac{4}{36}$, $\frac{3}{36}$

⑦ $\frac{9}{30}$, $\frac{4}{30}$ ⑧ $\frac{14}{24}$, $\frac{15}{24}$

ロボたまにインストール… 分母、分母、分母

22 円の面積②

1 ① 式　$10 \times 10 \times 3.14 \div 2 = 157$

答え　$157cm^2$

② 式　$8 \times 8 \times 3.14 \div 2 = 100.48$

$4 \times 4 \times 3.14 = 50.24$

$100.48 - 50.24 = 50.24$

答え　$50.24cm^2$

③ 式　$12 \times 12 = 144$

$6 \times 6 \times 3.14 = 113.04$

$144 - 113.04 = 30.96$

答え　$30.96cm^2$

2 ① $1cm^2$

③ 18

④ 26

⑤ 式　$1 \times 18 + 0.5 \times 26 = 31$

答え　$31cm^2$

3 式　$0.5 \times 17 = 8.5$

$8.5 \times 10 \times 10 = 850$

答え　$850km^2$

ロボたまにインストール…　10、10、314

23 柱状の体積①

1 ① 式　$3 \times 3 \times 6 = 54$

（底面積　$3 \times 3 = 9cm^2$）

答え　$54cm^3$

② 式　$6 \times 1 \times 8 = 48$

（底面積　$6 \times 1 = 6cm^2$）

答え　$48cm^3$

③ 式　$6 \times 8 \div 2 \times 10 = 240$

（底面積　$6 \times 8 \div 2 = 24cm^2$）

答え　$240cm^3$

④ 式　$10 \times 6 \div 2 \times 18 = 540$

（底面積　$10 \times 6 \div 2 = 30cm^2$）

答え　$540cm^3$

24 柱状の体積②

1 ① 式　$13 \times 8 = 104$

答え　$104cm^3$

② 式　$4 \times 4 \times 3.14 \times 12 = 602.88$

答え　$602.88cm^3$

2 ① 式　$(8+6) \times 4 \div 2 = 28$

答え　$28cm^2$

② 式　$28 \times 7 = 196$

答え　$196cm^3$

3 式　$2 \times 2 \div 2 \times 4 = 8$

答え　$8cm^3$

4 式　$5 \times 4 \div 2 = 10$

$70 \div 10 = 7$

答え　$7cm$

ロボたまにインストール…　16、5、80

1 ① $\dfrac{2}{3} + \dfrac{1}{4} = \dfrac{8}{12} + \dfrac{3}{12}$
$= \dfrac{11}{12}$

② $\dfrac{3}{4} + \dfrac{1}{8} = \dfrac{6}{8} + \dfrac{1}{8}$
$= \dfrac{7}{8}$

③ $\dfrac{1}{6} + \dfrac{2}{9} = \dfrac{3}{18} + \dfrac{4}{18}$
$= \dfrac{7}{18}$

④ $\dfrac{1}{9} + \dfrac{5}{12} = \dfrac{4}{36} + \dfrac{15}{36}$
$= \dfrac{19}{36}$

2 ① $\dfrac{3}{4} + \dfrac{1}{12} = \dfrac{9}{12} + \dfrac{1}{12}$
$= \dfrac{10}{12} = \dfrac{5}{6}$

② $\dfrac{1}{6} + \dfrac{3}{10} = \dfrac{5}{30} + \dfrac{9}{30}$
$= \dfrac{14}{30} = \dfrac{7}{15}$

③ $1\dfrac{4}{15} + 2\dfrac{9}{10} = 1\dfrac{8}{30} + 2\dfrac{27}{30}$
$= 3\dfrac{35}{30} = 4\dfrac{5}{30}$
$= 4\dfrac{1}{6}$

④ $2\dfrac{9}{14} + \dfrac{11}{21} = 2\dfrac{27}{42} + \dfrac{22}{42}$
$= 2\dfrac{49}{42} = 3\dfrac{7}{42}$
$= 3\dfrac{1}{6}$

ロボたまにインストール… 通分

1 ① $\dfrac{3}{5} - \dfrac{1}{3} = \dfrac{9}{15} - \dfrac{5}{15}$
$= \dfrac{4}{15}$

② $\dfrac{9}{10} - \dfrac{4}{5} = \dfrac{9}{10} - \dfrac{8}{10}$
$= \dfrac{1}{10}$

③ $\dfrac{4}{9} - \dfrac{1}{6} = \dfrac{8}{18} - \dfrac{3}{18}$
$= \dfrac{5}{18}$

④ $\dfrac{13}{15} - \dfrac{1}{6} = \dfrac{26}{30} - \dfrac{5}{30}$
$= \dfrac{21}{30} = \dfrac{7}{10}$

2 ① $2\dfrac{5}{6} - 1\dfrac{1}{3} = 2\dfrac{5}{6} - 1\dfrac{2}{6}$
$= 1\dfrac{3}{6} = 1\dfrac{1}{2}$

② $2\dfrac{1}{2} - \dfrac{1}{6} = 2\dfrac{3}{6} - \dfrac{1}{6}$
$= 2\dfrac{2}{6} = 2\dfrac{1}{3}$

③ $2\dfrac{5}{6} - 1\dfrac{3}{10} = 2\dfrac{25}{30} - 1\dfrac{9}{30}$
$= 1\dfrac{16}{30} = 1\dfrac{8}{15}$

④ $4\dfrac{7}{15} - 2\dfrac{3}{10} = 4\dfrac{14}{30} - 2\dfrac{9}{30}$
$= 2\dfrac{5}{30} = 2\dfrac{1}{6}$

ロボたまにインストール… $3\dfrac{4}{3}$

p.16-17 ⑧ 図形の合同

1 ① 頂点 G

② 3cm

③ 5cm

④ 80°

⑤ 60°

2 ① 三角形 CDA

② 三角形 EDA

③ 三角形 EAB

［ロボたまにインストール…］ 等しく、等しく

p.18-19 ⑨ 図形の性質

1 ① 3つ

② 540°

2

	三角形	四角形	五角形	六角形	七角形
三角形の数	1	2	3	4	5
角の大きさの和	180°	360°	540°	720°	900°

［ロボたまにインストール…］ 180°、8

p.20-21 ⑩ 円周率

1 ① 式 3×3.14＝9.42

　　　　　　　答え　9.42cm

② 式 7×3.14＝21.98

　　　　　　　答え　21.98cm

2 式 25.12÷3.14＝8

　　　　　　　答え　8cm

3 ㋐ 式 20×3.14÷2＝31.4

　　　　　　　答え　31.4cm

㋑ 式 10×3.14＝31.4

　　　　　　　答え　31.4cm

［ロボたまにインストール…］ 直径、円周

p.22-23 ⑪ 体積

1 ① ㋐ 式 8×4×7＝224

　　　㋑ 式 8×6×5＝240

　　　㋐＋㋑ 224＋240＝464

　　　　　　　答え　464cm³

② ㋐ 式 8×10×7＝560

　　　㋑ 式 8×6×2＝96

　　　㋐－㋑ 560－96＝464

　　　　　　　答え　464cm³

2 式 100×100×100＝1000000

　　　　　　　答え　1000000cm³

［ロボたまにインストール…］ たす、ひく

p. 24-25 **12** 単位量あたり

🐻 ① A室

② C室

③ A室 15÷6＝2.5

C室 12÷4＝3

答え C室がこんでいる

🐻 式 114000÷76＝1500

答え 1500人

💬 ロボたまにインストール… 合計÷個数

p. 26-27 **13** 速さ

🐻 ① 式 240÷4＝60

答え 時速60km

② 式 1200÷150＝8

答え 8分

③ 式 1700÷340＝5

答え 5秒後

④

	秒速(m)	分速(m)	時速(km)
バス	10m	600m	36km
新幹線	75m	4500m	270km
ジェット機	240m	14400m	864km

💬 ロボたまにインストール… 時間

p. 28-29 **14** 図形の面積

🐻 ① 式 7×3＝21

答え 21cm²

② 式 3×6÷2＝9

答え 9cm²

③ 式 （10＋5）×8÷2＝60

答え 60cm²

④ 式 5×8÷2＝20

答え 20cm²

💬 ロボたまにインストール… 上底＋下底、高さ

p. 30-31 **15** 割合とグラフ

🐻 式 14÷20＝0.7

0.7×100＝70

答え 70%

🐻 式 700×0.8＝560

答え 560円

🐻 式 120÷0.8＝150

答え 150ページ

🐻

割 合	百分率	歩 合
0.4	40%	4割
0.6	60%	6割
0.75	75%	7割5分

💬 ロボたまにインストール… 4、6

p.32　算数クロスワード

①ち	よ	く	ほ	う	た	②い
ゆ						じ
③う	ち	の	り			よ
し			④こ	す	う	
ん		⑤き	す	う		
		ゆ		⑥か	て	⑦い
	⑧つ	う	ぶ	ん		か

p.34　**1 線対称**

① 点J、点H
② 辺JI、辺HG
③ 角I、角D

p.35　**2 点対称**

① 点C、点D
② 辺CD、辺CB
③ 角D、角A

p.36-37　**3 文字と式**

1　$y = 3 \times x$

2　① エ
　　② ウ

3　① $x = 18$　　② $x = 5$
　　③ $x = 40$　　④ $x = 63$

4　① 式　$y = 60 \times x + 120$
　　② 式　$y = 60 \times 5 + 120$
　　　　　　$= 420$

答え　420円

ロボたまにインストール…　12

6

p. 38-39 **4** 分数のかけ算①

1 ① $\dfrac{1}{2} \times \dfrac{1}{3} = \dfrac{1 \times 1}{2 \times 3}$

$= \dfrac{1}{6}$

② $\dfrac{3}{5} \times \dfrac{7}{8} = \dfrac{3 \times 7}{5 \times 8}$

$= \dfrac{21}{40}$

③ $\dfrac{1}{7} \times \dfrac{3}{4} = \dfrac{1 \times 3}{7 \times 4}$

$= \dfrac{3}{28}$

④ $\dfrac{5}{6} \times \dfrac{1}{9} = \dfrac{5 \times 1}{6 \times 9}$

$= \dfrac{5}{54}$

2 ① $\dfrac{2}{3} \times \dfrac{1}{4} = \dfrac{2 \times 1}{3 \times 4}$

$= \dfrac{1}{6}$

② $\dfrac{5}{8} \times \dfrac{3}{5} = \dfrac{5 \times 3}{8 \times 5}$

$= \dfrac{3}{8}$

③ $\dfrac{6}{7} \times \dfrac{5}{8} = \dfrac{6 \times 5}{7 \times 8}$

$= \dfrac{15}{28}$

④ $\dfrac{8}{9} \times \dfrac{7}{12} = \dfrac{8 \times 7}{9 \times 12}$

$= \dfrac{14}{27}$

3 ① $\dfrac{4}{7} \times \dfrac{7}{9} = \dfrac{4 \times 7}{7 \times 9}$

$= \dfrac{4}{9}$

② $\dfrac{3}{10} \times \dfrac{4}{5} = \dfrac{3 \times 4}{10 \times 5}$

$= \dfrac{6}{25}$

③ $\dfrac{4}{15} \times \dfrac{6}{7} = \dfrac{4 \times 6}{15 \times 7}$

$= \dfrac{8}{35}$

④ $\dfrac{5}{18} \times \dfrac{12}{13} = \dfrac{5 \times 12}{18 \times 13}$

$= \dfrac{10}{39}$

p. 40-41 **5** 分数のかけ算②

1 ① $\dfrac{1}{7} \times 3 = \dfrac{1 \times 3}{7}$

$= \dfrac{3}{7}$

② $\dfrac{2}{9} \times 4 = \dfrac{2 \times 4}{9}$

$= \dfrac{8}{9}$

③ $\dfrac{1}{6} \times 4 = \dfrac{1 \times 4}{6}$

$= \dfrac{2}{3}$

④ $\dfrac{3}{8} \times 2 = \dfrac{3 \times 2}{8}$

$= \dfrac{3}{4}$

2 ① $3 \times \dfrac{1}{8} = \dfrac{3 \times 1}{8}$

$= \dfrac{3}{8}$

② $2 \times \dfrac{4}{9} = \dfrac{2 \times 4}{9}$

$= \dfrac{8}{9}$

③ $6 \times \dfrac{1}{3} = \dfrac{6 \times 1}{3}$

$= 2$

④ $9 \times \dfrac{2}{3} = \dfrac{9 \times 2}{3}$

$= 6$

❸ ① $2\dfrac{1}{2} \times \dfrac{2}{3} = \dfrac{5}{2} \times \dfrac{2}{3}$

$\qquad = \dfrac{5 \times 2}{2 \times 3} = \dfrac{5}{3} = 1\dfrac{2}{3}$

② $3\dfrac{3}{4} \times \dfrac{2}{5} = \dfrac{15}{4} \times \dfrac{2}{5}$

$\qquad = \dfrac{15 \times 2}{4 \times 5} = \dfrac{3}{2} = 1\dfrac{1}{2}$

③ $1\dfrac{1}{5} \times 1\dfrac{1}{4} = \dfrac{6}{5} \times \dfrac{5}{4}$

$\qquad = \dfrac{6 \times 5}{5 \times 4} = \dfrac{3}{2} = 1\dfrac{1}{2}$

④ $1\dfrac{4}{5} \times 2\dfrac{2}{9} = \dfrac{9}{5} \times \dfrac{20}{9}$

$\qquad = \dfrac{9 \times 20}{5 \times 9} = 4$

p.42-43 **6** 分数のかけ算③

❶ 式 $\dfrac{6}{7} \times \dfrac{5}{18} = \dfrac{6 \times 5}{7 \times 18} = \dfrac{5}{21}$

答え $\dfrac{5}{21}$ kg

❷ 式 $900 \times \dfrac{2}{3} = \dfrac{900 \times 2}{3} = 600$

答え 600g

❸ 式 $1\dfrac{3}{5} \times 2\dfrac{3}{4} = \dfrac{8}{5} \times \dfrac{11}{4} = \dfrac{8 \times 11}{5 \times 4}$

$\qquad = \dfrac{22}{5} = 4\dfrac{2}{5}$

答え $4\dfrac{2}{5}$ dL

❹ ⑦

ロボたまにインストール… $\dfrac{5}{2}$

p.44-45 **7** 分数のわり算①

❶ ① $\dfrac{1}{6} \div \dfrac{3}{5} = \dfrac{1}{6} \times \dfrac{5}{3}$

$\qquad = \dfrac{1 \times 5}{6 \times 3} = \dfrac{5}{18}$

② $\dfrac{2}{5} \div \dfrac{3}{4} = \dfrac{2}{5} \times \dfrac{4}{3}$

$\qquad = \dfrac{2 \times 4}{5 \times 3} = \dfrac{8}{15}$

③ $\dfrac{3}{7} \div \dfrac{4}{5} = \dfrac{3}{7} \times \dfrac{5}{4}$

$\qquad = \dfrac{3 \times 5}{7 \times 4} = \dfrac{15}{28}$

④ $\dfrac{1}{4} \div \dfrac{3}{5} = \dfrac{1}{4} \times \dfrac{5}{3}$

$\qquad = \dfrac{1 \times 5}{4 \times 3} = \dfrac{5}{12}$

❷ ① $\dfrac{5}{9} \div \dfrac{5}{8} = \dfrac{5}{9} \times \dfrac{8}{5}$

$\qquad = \dfrac{5 \times 8}{9 \times 5} = \dfrac{8}{9}$

② $\dfrac{3}{8} \div \dfrac{3}{7} = \dfrac{3}{8} \times \dfrac{7}{3}$

$\qquad = \dfrac{3 \times 7}{8 \times 3} = \dfrac{7}{8}$

③ $\dfrac{5}{6} \div \dfrac{10}{11} = \dfrac{5}{6} \times \dfrac{11}{10}$

$\qquad = \dfrac{5 \times 11}{6 \times 10} = \dfrac{11}{12}$

④ $\dfrac{2}{9} \div \dfrac{4}{7} = \dfrac{2}{9} \times \dfrac{7}{4}$

$\qquad = \dfrac{2 \times 7}{9 \times 4} = \dfrac{7}{18}$

❸ ① $\dfrac{2}{7} \div \dfrac{5}{7} = \dfrac{2}{7} \times \dfrac{7}{5}$

$\qquad = \dfrac{2 \times 7}{7 \times 5} = \dfrac{2}{5}$

② $\dfrac{3}{5} \div \dfrac{7}{10} = \dfrac{3}{5} \times \dfrac{10}{7}$

$\qquad = \dfrac{3 \times 10}{5 \times 7} = \dfrac{6}{7}$

③ $\dfrac{3}{8} \div \dfrac{5}{6} = \dfrac{3}{8} \times \dfrac{6}{5}$

$\quad\quad = \dfrac{3 \times 6}{8 \times 5} = \dfrac{9}{20}$

④ $\dfrac{3}{4} \div \dfrac{1}{8} = \dfrac{3}{4} \times \dfrac{8}{1}$

$\quad\quad = \dfrac{3 \times 8}{4 \times 1} = 6$

p.46-47 8 分数のわり算②

1 ① $5 \div \dfrac{3}{4} = \dfrac{5}{1} \div \dfrac{3}{4}$

$\quad\quad = \dfrac{5 \times 4}{1 \times 3} = \dfrac{20}{3}$

$\quad\quad = 6\dfrac{2}{3}$

② $7 \div \dfrac{4}{5} = \dfrac{7}{1} \div \dfrac{4}{5}$

$\quad\quad = \dfrac{7 \times 5}{1 \times 4} = \dfrac{35}{4}$

$\quad\quad = 8\dfrac{3}{4}$

③ $9 \div \dfrac{3}{8} = \dfrac{9}{1} \div \dfrac{3}{8}$

$\quad\quad = \dfrac{9 \times 8}{1 \times 3}$

$\quad\quad = 24$

④ $15 \div \dfrac{5}{6} = \dfrac{15}{1} \div \dfrac{5}{6}$

$\quad\quad = \dfrac{15 \times 6}{1 \times 5}$

$\quad\quad = 18$

2 ① $\dfrac{3}{4} \div 1\dfrac{2}{7} = \dfrac{3}{4} \div \dfrac{9}{7}$

$\quad\quad = \dfrac{3 \times 7}{4 \times 9}$

$\quad\quad = \dfrac{7}{12}$

② $\dfrac{4}{5} \div 2\dfrac{2}{3} = \dfrac{4}{5} \div \dfrac{8}{3}$

$\quad\quad = \dfrac{4 \times 3}{5 \times 8}$

$\quad\quad = \dfrac{3}{10}$

③ $4\dfrac{2}{3} \div \dfrac{7}{9} = \dfrac{14}{3} \div \dfrac{7}{9}$

$\quad\quad = \dfrac{14 \times 9}{3 \times 7}$

$\quad\quad = 6$

④ $3\dfrac{1}{8} \div \dfrac{5}{12} = \dfrac{25}{8} \div \dfrac{5}{12}$

$\quad\quad = \dfrac{25 \times 12}{8 \times 5} = \dfrac{15}{2}$

$\quad\quad = 7\dfrac{1}{2}$

⑤ $2\dfrac{1}{6} \div 1\dfrac{4}{9} = \dfrac{13}{6} \div \dfrac{13}{9}$

$\quad\quad = \dfrac{13 \times 9}{6 \times 13} = \dfrac{3}{2}$

$\quad\quad = 1\dfrac{1}{2}$

⑥ $1\dfrac{3}{8} \div 2\dfrac{3}{4} = \dfrac{11}{8} \div \dfrac{11}{4}$

$\quad\quad = \dfrac{11 \times 4}{8 \times 11}$

$\quad\quad = \dfrac{1}{2}$

p.48-49 9 分数のわり算③

1 式 $180 \div 1\dfrac{4}{5} = 180 \div \dfrac{9}{5} = \dfrac{180 \times 5}{9}$

$\quad\quad\quad = 100$

答え　100円

2 式 $3\dfrac{1}{5} \div \dfrac{4}{15} = \dfrac{16}{5} \div \dfrac{4}{15} = \dfrac{16 \times 15}{5 \times 4}$

$\quad\quad\quad = 12$

答え　12本

3 式 $3\dfrac{8}{9} \div 9\dfrac{1}{3} = \dfrac{35}{9} \div \dfrac{28}{3} = \dfrac{35 \times 3}{9 \times 28}$

$\quad\quad\quad = \dfrac{5}{12}$

答え　$\dfrac{5}{12}$ m²

4 ㋐

p.50-51 10 いろいろな分数

1 ① $\frac{2}{3} \times \frac{1}{2} \times \frac{3}{4} = \frac{2 \times 1 \times 3}{3 \times 2 \times 4} = \frac{1}{4}$

② $\frac{3}{4} \times \frac{2}{15} \div \frac{3}{10} = \frac{3}{4} \times \frac{2}{15} \times \frac{10}{3}$

$= \frac{3 \times 2 \times 10}{4 \times 15 \times 3} = \frac{1}{3}$

③ $\frac{5}{8} \div \frac{3}{4} \div \frac{5}{6} = \frac{5}{8} \times \frac{4}{3} \times \frac{6}{5}$

$= \frac{5 \times 4 \times 6}{8 \times 3 \times 5} = 1$

2 ① 40分 $= \frac{40}{60}$ 時間

$= \frac{2}{3}$ 時間

② 70分 $= \frac{70}{60}$ 時間

$= \frac{7}{6}$ 時間

3 ① $\frac{3}{4}$ 時間 $= 60分 \times \frac{3}{4}$

$= \frac{60 \times 3}{4}$ 分

$= 45分$

② $\frac{5}{6}$ 時間 $= 60分 \times \frac{5}{6}$

$= \frac{60 \times 5}{6}$ 分

$= 50分$

ロボたまにインストール… 60、$\frac{20}{60}$、$\frac{1}{3}$

---

1 ① $\frac{1}{2}$ ② $\frac{9}{10}$

③ $\frac{11}{10}$ ④ $\frac{6}{5}$

⑤ $\frac{9}{5}$ ⑥ $\frac{5}{2}$

2 ① $0.6 \times \frac{2}{3} = \frac{6 \times 2}{10 \times 3}$

$= \frac{2}{5}$

② $\frac{1}{2} \times 0.4 = \frac{1 \times 4}{2 \times 10}$

$= \frac{1}{5}$

③ $0.6 \times \frac{1}{6} = \frac{6 \times 1}{10 \times 6}$

$= \frac{1}{10}$

④ $\frac{3}{4} \times 0.8 = \frac{3 \times 8}{4 \times 10}$

$= \frac{3}{5}$

⑤ $\frac{4}{5} \div 0.4 = \frac{4}{5} \times \frac{10}{4}$

$= \frac{4 \times 10}{5 \times 4}$

$= 2$

⑥ $\frac{4}{9} \div 0.8 = \frac{4}{9} \times \frac{10}{8}$

$= \frac{4 \times 10}{9 \times 8}$

$= \frac{5}{9}$

⑦ $0.7 \div \frac{7}{12} = \frac{7}{10} \times \frac{12}{7}$

$= \frac{7 \times 12}{10 \times 7}$

$= \frac{6}{5} = 1\frac{1}{5}$

⑧ $\dfrac{5}{8} \div 0.3 = \dfrac{5}{8} \times \dfrac{10}{3}$

$= \dfrac{5 \times 10}{8 \times 3}$

$= \dfrac{25}{12} = 2\dfrac{1}{12}$

🔲ボたまにインストール… 分数、$\dfrac{3}{10}$

p. 54-55 **12** 場合の数①

1 1回目　　2回目

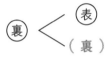

答え　4通り

2 1回目　　2回目　　3回目

答え　8通り

🔲ボたまにインストール…　6

p. 56-57 **13** 場合の数②

1 例

赤	青	黄	緑	白
○	○			
○		○		
○			○	
○				○
	○	○		
	○		○	
	○			○
		○	○	
		○		○
			○	○

答え　10通り

2

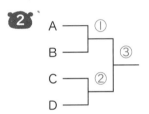

答え　3試合

3

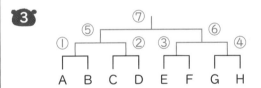

答え　7試合

🔲ボたまにインストール…　6、3

1

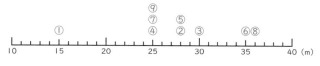

中央値 28m　最ひん値 25m

2 ①

階級(秒)	度数(人)	正
7秒以上8秒未満	3	下
8秒以上9秒未満	4	正
9秒以上10秒未満	5	正
10秒以上11秒未満	2	下
11秒以上12秒未満	1	一
合　計	15	

② 8.5秒

③ 9秒以上10秒未満

 ①

きょり(m)	3組(人)	正
5m以上～10m未満	1	一
10m以上～15m未満	3	下
15m以上～20m未満	2	下
20m以上～25m未満	5	正
25m以上～30m未満	4	正
30m以上～35m未満	1	一
合　計	16	

（ソフトボール投げの記録）

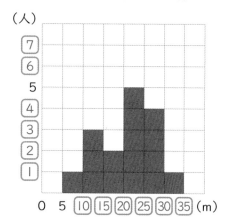

② 20m以上～25m未満

③ 22m

ロボたまにインストール…　最ひん値、中央値

1 ① 64　　② 18
③ 2　　④ 4

2 式　$6:5 = 30:x$
$x = 5 \times 30 \div 6$
$= 25$

答え　25枚

3 式　$7:2 = x:300$
$x = 7 \times 300 \div 2$
$= 1050$

答え　1050冊

4 式　$40 \times \frac{2}{5} = 16$
$40 - 16 = 24$

答え　私 16個、妹 24個

5 式　$90 \times \frac{8}{15} = 48$
$90 - 48 = 42$

答え　5年生 48人、6年生 42人

ロボたまにインストール…　4

17 比例

1 ○がつくもの　①、②

2 ①

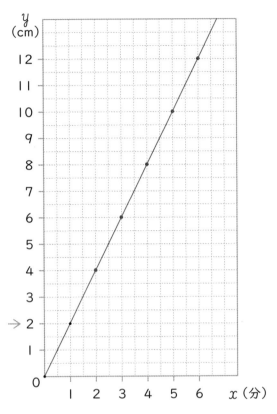

② 式　$y = 2 \times x$

ロボたまにインストール…　0、直線

18 反比例

1 ○がつくもの　②

2 ① 式　$y = 24 \div x\ (x \times y = 24)$
②

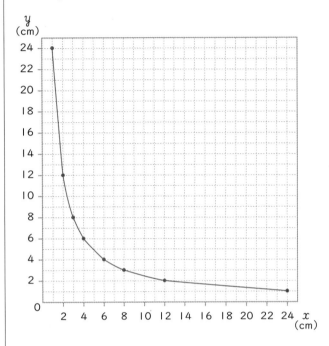

ロボたまにインストール…　比例、反比例

p.68-69 **19** 拡大と縮小①

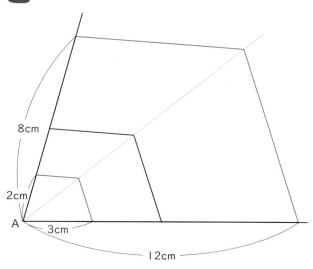

2

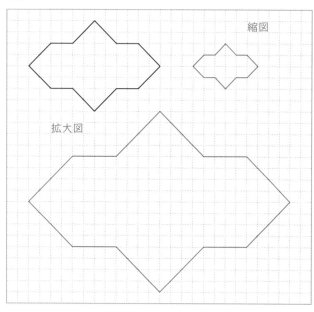

縮図

拡大図

p.70-71 **20** 拡大と縮小②

① 式　4（cm）÷40m ＝ $\dfrac{40（mm）}{40000（mm）}$

　　　　　　　　　　　＝ $\dfrac{4}{4000}$

　　　　　　　　　　　＝ $\dfrac{1}{1000}$

　　　　　　　　　答え　$\dfrac{1}{1000}$

② 式　2（cm）× 1000（倍）＝ 2000（cm）

　　　　　　　　　　　　　＝ 20（m）

　　　　　　　　答え　20m

2 ① 式　1（cm）：5km ＝ 1÷500000（cm）

　　　　　　　　　　　＝ $\dfrac{1}{500000}$

　　　　　　　　　答え　$\dfrac{1}{500000}$

② 式　5 × 500000 ＝ 2500000（cm）

　　　　　　　　　　＝ 25km

　　　　　　　　答え　25km

ロボたまにインストール…　1

p.72-73 **21** 円の面積①

① 式　6×6×3.14÷2＝56.52

　　　　　　　　答え　56.52cm²

② 式　10×10×3.14÷4＝78.5

　　　　　　　　答え　78.5cm²

③ 式　20×20×3.14× $\dfrac{3}{4}$ ＝942

　　　　　　　　答え　942cm²

④ 式　31.4÷3.14＝10

　　　　　5×5×3.14＝78.5

　　　　　　　　答え　78.5cm²

14